变频器电路
芯片级维修技能
全图解

王伟伟　编著

U0261102

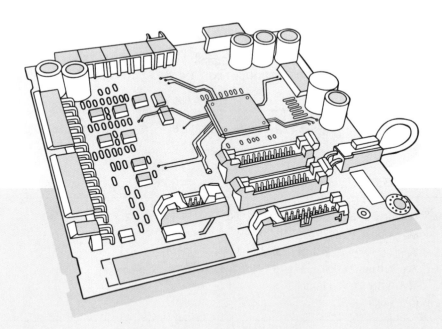

中国铁道出版社有限公司
CHINA RAILWAY PUBLISHING HOUSE CO., LTD.

北　京

内 容 简 介

本书采用全图解的方式，由浅入深地讲解了变频器电路芯片级维修的方法和技能；在具体讲解中，本书秉承理论实践相结合的原则，结合大量案例详细讲解了变频器维修方法，总结了变频器电源电路板、主控制板等主要电路的维修经验。

本书采用了大量检修实物图和应用电路图，能够使初学者更容易地理解和掌握变频器电路维修检测方法，可供从事工业电路板、电气设备维修的技术人员、企业电工阅读学习。

图书在版编目（CIP）数据

变频器电路芯片级维修技能全图解 / 王伟伟编著 . —北京：中国铁道出版社有限公司，2024.4
ISBN 978-7-113-30629-8

Ⅰ . ①变… Ⅱ . ①王… Ⅲ . ①变频器 - 电子电路 - 维修 - 图解
Ⅳ . ① TN773-64

中国国家版本馆 CIP 数据核字（2023）第 198946 号

书　　名：**变频器电路芯片级维修技能全图解**
　　　　　BIANPINQI DIANLU XINPIANJI WEIXIU JINENG QUANTUJIE
作　　者：王伟伟

责任编辑：荆　波　　　编辑部电话：（010）51873026　　　电子邮箱：*the-tradeoff@qq.com*
封面设计：郭瑾萱
责任校对：刘　畅
责任印制：赵星辰

出版发行：中国铁道出版社有限公司（100054，北京市西城区右安门西街 8 号）
印　　刷：河北京平诚乾印刷有限公司
版　　次：2024 年 4 月第 1 版　2024 年 4 月第 1 次印刷
开　　本：710 mm×1 000 mm　1/16　印张：15.5　字数：295 千
书　　号：ISBN 978-7-113-30629-8
定　　价：59.80 元

前言

一、为什么写这本书

由于变频器在工业控制中使用非常广泛，因此在工业电路维修中变频器维修占很大一部分。一块变频器电路板，在有经验的维修人员眼中，不过是基本的电子元器件的组合，或者由各种基本电路组成而已。维修变频器实际上就是找出损坏的电子元器件并更换。

那么怎样才能成为真正的变频器维修高手呢？这需要"多看、多学、多问、多练"。

首先，电子元器件好坏判断检测技术是必须要掌握的。不管什么类型的电路板，都是由各种类型的电子元器件组成，因此要学习变频器维修技术，就必须要掌握各种电子元器件好坏的检测技巧。

其次，要学习变频器电路中各单元电路的结构组成和工作原理，这是掌握变频器电路板维修技术的核心条件之一。

最后，要学习变频器维修的思路、方法和步骤。当我们拿到一块故障变频器的电路板时，如果能够马上区分出电路板中的各功能电路，应用变频器检测方法来判断出故障是哪一块电路导致的，并锁定故障检查范围，然后再检查故障范围内的元器件。这样，就能够既准确又迅速地把故障变频器维修好。

本书强调动手能力和实用技能的培养，手把手地教读者测量关键电路，同时总结出不同单元电路中主要电子元器件的检测方法，帮助读者快速掌握变频器维修检测技术，提升维修能力。

二、读者定位

本书可供从事工业电路板维修、电气设备维修的技术人员、企业高级电工阅读学习。除此之外，本书也适合电子电工维修培训学校、技工学校、职业高中和职业院校培训使用。

三、本书特点

（1）图解丰富，一目了然

采用全彩图解的方式，图文并茂，手把手地指导读者测量变频器电路板中各单元电路，以期边看边学，快速成长为维修高手。

（2）实操丰富，实战性强

本书不但梳理了变频器各单元电路的故障维修思路，还总结了易发生故障的电子元器件及芯片的好坏检测方法。另外，书中结合大量真实的维修案例来增加读者的维修经验。

四、整体下载包

为帮助读者扎实高效地掌握变频器维修技能，笔者结合书中所讲内容，制作了包含 17 段维修视频的整体下载包供读者学习之用。除此之外，整体下载包中还包含维修工具使用、电路分析等附赠电子文档。

整体下载包下载地址为：

http：//www.m.crphdm/2024/0304/14687.shtml

王伟伟

2024 年 3 月

目录

第 **1** 章
变频器维修准备工作

看懂电路图，并且能在实际工作中灵活运用，是对一个专业维修员的基本要求。本章将重点讲解如何看懂复杂的电路图。

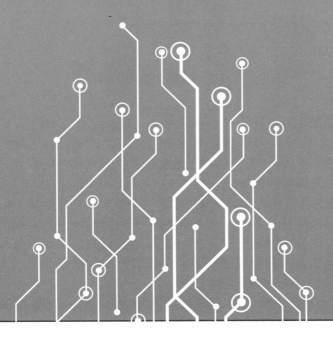

读识变频器的电路图

1.1.1 电路图的组成元素

电路图是人们为了研究和工程的需要，用约定的符号绘制的一种表示电路结构的图形。通过电路图可以分析和了解实际电路的情况。这样，在分析电路时就不必把实物翻来覆去地琢磨，而仅需一张图纸即可。图 1-1 所示为某设备部分电路图。

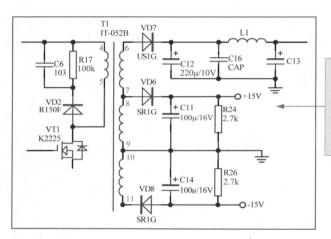

用各种图形符号表示电阻器、电容器、开关、集成电路等元器件，用线条把元器件和单元电路按工作原理的关系连接起来，就形成了电路图。

图 1-1 某设备部分电路图

电路图主要由元器件符号、连线、结点、注释四大部分组成，如图 1-2 所示。

（1）元器件符号表示实际电路中的元件，其形状与实际的元器件不一定相似，甚至完全不一样。但是它一般都表示出元器件的特点，而且引脚的数目都和实际元器件保持一致。

（2）连线表示实际电路中的导线，在原理图中虽然是一根线，但在常用的印制电路板中往往不是线而是各种形状的铜箔块，就像收音机原理图中的许多连线在印制电路板图中并不一定都是线形的，也可以是一定形状的铜膜。需要注意的是，在电路原理图中总线的画法经常是采用一条粗线，在这条粗线上再分支出若干支线连到各处。

（3）结点表示几个元件引脚或几条导线之间相互的连接关系。所有和结点相连的元件引脚、导线，不论数目多少，都是导通的。不可避免的，在电路中肯定会有交叉的现象，为了区别交叉相连和不连接，一般在电路图制作时，给相连的交叉点加实心圆点表示，不相连的交叉点不加实心圆点或绕半圆表示，也有个别的电路图用空心圆来表示不相连。

（4）注释在电路图中十分重要，电路图中所有的文字都可以归入注释一类。细看上面的图 1-1 就会发现，在电路图的各个地方都有注释存在，它们被用来说明元件的名称、型号、参数等。

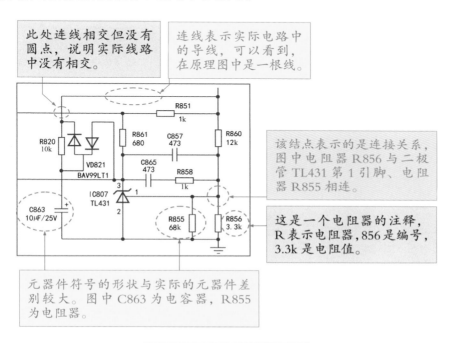

图 1-2 电路图组成元素

1.1.2 维修中会用到的电路原理图

日常维修中经常用到的电路图主要是电路原理图，下面进行详细分析。

电路原理图就是用来体现电子电路的工作原理的一种电路图。由于它直接体现了电子电路的结构和工作原理，所以一般用在设计、分析电路的工作中，如图 1-3 所示。

在电路原理图中，用符号代表各种电子元器件，它给出了产品的电路结构、各单元电路的具体形式和单元电路之间的连接方式。

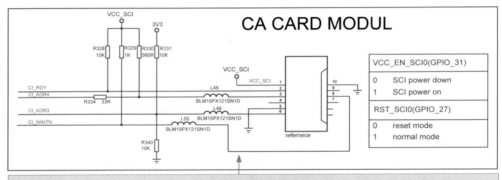

电路原理图中还给出了每个元器件的具体参数，为检测和更换元器件提供依据。另外，有的电路原理图中还给出了许多工作点的电压、电流参数等，为快速查找和检修电路故障提供方便。除此之外，还提供一些与识图有关的提示、信息等。

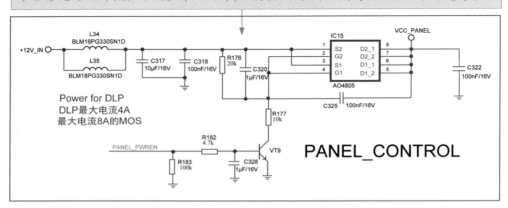

图 1-3　电路原理图

1.1.3　如何对照电路图查询故障元器件 ○

　　在维修电路时，当根据故障现象检查电路板上的疑似故障元器件后（如有元器件发热较明显或外观有明显损坏），接下来需要进一步了解元器件的功能。这时，通常需要先查到元器件的编号，然后根据元器件的编号，结合电路原理图了解元器件的功能和作用，找到具体故障元器件，如图 1-4 所示。

1.1.4　根据电路原理图查找单元电路元器件 ○

　　根据电路原理图找到故障相关电路元器件的编号（如无法开机，就查找电源电路相关元器件），然后在电路板上找相应元器件进行检测，如图 1-5所示。

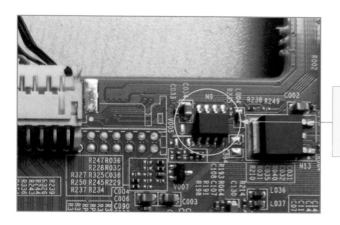

（1）首先找出电路板中疑似故障元器件，并记下电路板上元器件的文字标号（如图中的 N9）。

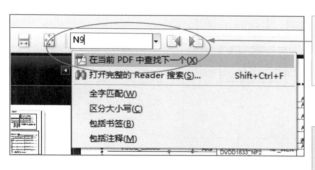

（2）打开电路原理图的 PDF 文件，在搜索栏中输入元器件的文字标号（N9），搜索元器件的电路图。

（3）软件会自动跳转至搜到的页面，可以看到 N9 元器件的电路原理图。

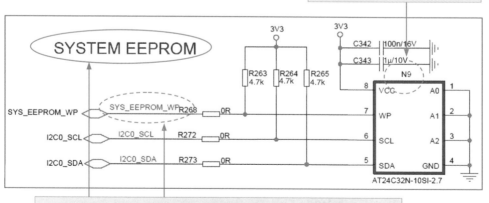

（4）根据该元器件周围线路标识判断，图中标有 SYSTEM EEPROM 和 SYS_EEPROM_WP，说明此芯片是负责存储的，是一个存储系统程序的芯片。

图1-4　查询故障元器件功能

9	11	SOC:OWL
10	12	SOC:POWER (1/3)
11	13	SOC:POWER (2/3)
12	15	SOC:POWER (3/3)
13	20	NAND
14	21	SYSTEM POWER:PMU (1/3)
15	22	SYSTEM POWER:PMU (2/3)
16	23	SYSTEM POWER:PMU (3/3)
17	24	SYSTEM POWER:CHARGER
18	30	SYSTEM POWER:BATTERY CONN
19	31	SENSORS:MOTION SENSORS

（1）首先根据电路原理图的目录页（一般在第1页）查找相关电路的关键词。如供电电路就查找 SYSTEM POWER，对应的页数为 14 页。

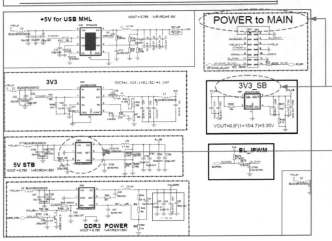

（2）打开第 14 页可以看到电源有关的电路图。

（3）N89 为电源管理芯片的标号，TPS562200 为管理芯片的型号。然后在电路板中找电源电路中的元器件进行检测并查找故障。

图1-5　根据电路原理图查找单元电路元器件

 ## 看懂电路原理图中的各种标识

想读懂电路原理图，首先应建立起图形符号与电气设备或部件的对应关系，并明确文字标识的含义，才能了解电路图所表达的功能、连接关系等，如图 1-6 所示。

1.2.1　电路图中的元器件编号

电路图中对每一个元件进行编号。编号规则一般为"字母 + 数字"，如 CPU 芯片的编号为 U101。

1. 电阻器的符号和编号

在电路中，电阻器的主要作用是稳定和调节电路中的电流和电压，即控制某一部分电路的电压和电流比例的作用。电阻器的符号和编号如图1-7所示。

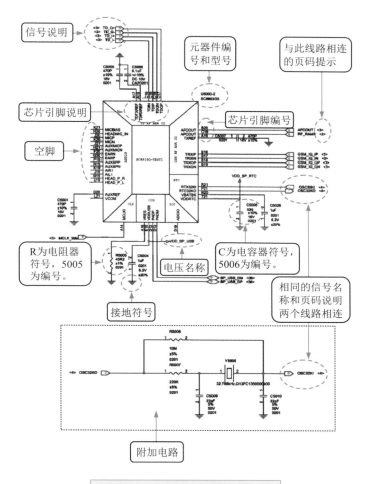

信号说明

元器件编号和型号

与此线路相连的页码提示

芯片引脚说明

空脚

芯片引脚编号

R为电阻器符号，5005为编号。

C为电容器符号，5006为编号。

电压名称

接地符号

相同的信号名称和页码说明两个线路相连

附加电路

图1-6　电路图中的各种标识

2. 电容器的符号和编号

在电路中，电容器有储能、滤波、旁路、去耦等作用。电容器的符号和编号如图1-8所示。

3. 电感器的符号和编号

通电线圈会产生磁场，且磁场大小与电流的特性息息相关。当交流电通过电感器时，电感器对交流电有阻碍作用，而直流电通过电感器时，可以顺利通过。电感器的符号和编号如图1-9所示。

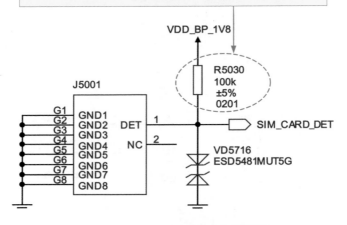

在电路图中，电阻器用字母 R 表示。图中 R5030，R 表示电阻器，5030 是其编号，100k 为其容量表示 100kΩ，±5% 为其精度，0201 为其规格。

图 1-7　电阻器的符号和编号

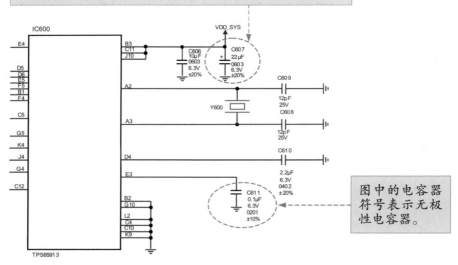

在电路图中，电容器用字母 C 表示。图中电容器的符号表示有极性电容器，通常用在供电电路中，C607 中的 C 表示电容器，607 为编号，22μF 为其容量，0603 为其规格，6.3V 为其耐压参数，±20% 为其精度参数。

图中的电容器符号表示无极性电容器。

图 1-8　电容器的符号和编号

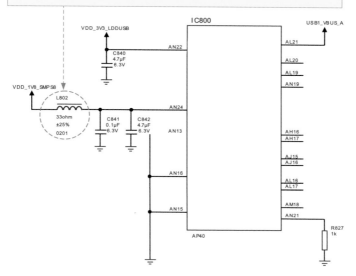

在电路图中，电感器用字母 L 表示。图中电感器的符号表示有铁芯的电感器，电感器通常用在供电电路中，L802 中的 L 表示电感器，802 为编号，33Ω 为其容量，0201 为其规格，±25% 为其精度参数。

图1-9　电感器的符号和编号

4. 二极管的符号和编号

常用的二极管有稳压二极管、整流二极管、开关二极管、检波二极管、快恢复二极管、发光二极管等。二极管的符号和编号如图 1-10 所示。

5. 三极管的符号和编号

在电路中，三极管最重要的特性就是对电流的放大作用，其实质是以小电流操控大电流，并不是使能量无端放大的过程，该过程遵循能量守恒。三极管的符号和编号如图 1-11 所示。

6. 场效应管的符号和编号

场效应管是一种用电压控制电流大小的电子元器件，即利用电场效应来控制电流。场效应管的符号和编号如图 1-12 所示。场效应管的品种有很多，按其结构可分为结型场效应管和绝缘栅型场效应管两大类。每种结构又有 N 沟道和 P 沟道两种导电沟道。

图中二极管符号表示稳压二极管，VD117 中的 VD 表示二极管，117 为编号，ZENER2 为其型号。

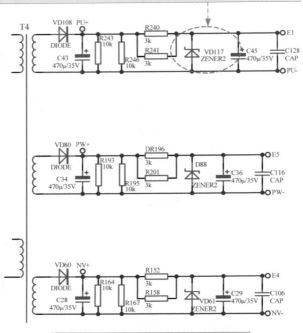

图 1-10　二极管的符号和编号

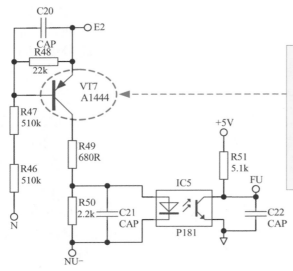

三极管一般用字母 VT 表示。图中三极管符号表示双三极管，即内部包含两个三极管，VT7 中的 VT 表示三极管，7 为编号，A1444 为其型号。三极管有 B 极（基极）、E 极（发射极）和 C 极（集电极）三个极。如果按照导电类型分，可分为 NPN 型和 PNP 型。

图 1-11　三极管的符号和编号

场效应管一般用字母 VT 表示。VT2 中的 VT 表示场效应管，2 为编号，K2717 为其型号。场效应管有 G 极（栅极）、D 极（漏极）和 S 极（源极）三个极。

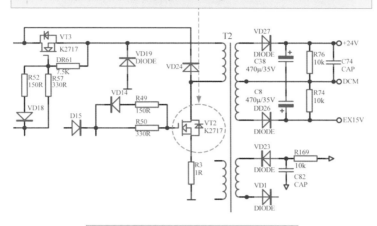

图 1-12 场效应管的符号和编号

7. 晶振的符号和编号

晶振的作用是产生原始的时钟频率，该时钟频率经过频率发生器的放大或缩小后就成了电路中各种不同的总线频率。晶振的符号和编号如图 1-13 所示。

在电路图中，晶振用字母 X、Y 表示。Y5000 中的 Y 表示晶振，5000 为编号，32.768kHz 为其频率。

R5006
10M

R5007
220k

Y5000
32.768kHz

OSC32KO

OSC32KI

C5009
22pF
50V

C5010
22pF
50V

图 1-13 晶振的符号和编号

8. 稳压器的符号和编号

稳压电路是一种将不稳定直流电压转换成稳定直流电压的集成电路。稳压器的符号和编号如图 1-14 所示。

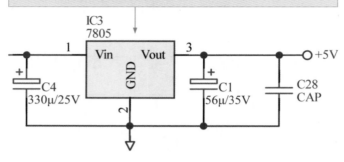

稳压器一般用字母 IC 表示。图中 IC3 中的 IC 表示稳压器，3 为编号，7805 为型号。

图 1-14　稳压器的符号和编号

9. 集成电路的符号、编号和引脚分布规律

集成电路是一种微型电子器件或部件，其内部包含多个晶体管、二极管、电阻器、电容器和电感器等元器件。集成电路的符号和编号如图 1-15 所示。

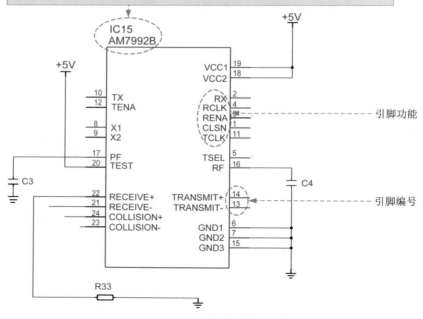

集成电路一般用字母 IC 表示。IC15 中的 IC 表示集成电路，15 为编号，AM7992B 为型号。

图 1-15　集成电路的符号和编号

常见的集成电路封装形式有 DIP 封装、SOP 封装、TQFP 封装和 BGA 封装，不同封装形式的集成电路的引脚分布差异较大。其中 DIP 和 SOP 封装的集成电路的引脚分布如图 1-16 所示。

一般情况下，DIP 封装和 SOP 封装的集成电路都会有一个圆形凹槽来指明第 1 引脚，且引脚顺序都是逆时针。

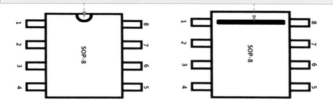

除了用圆形凹槽外，还有另外两种方式来指明第 1 引脚，即半圆和横线。引脚顺序同样都是逆时针。

图 1-16　DIP 封装、SOP 封装的集成电路的引脚分布

TQFP 封装的集成电路的引脚分布如图 1-17 所示。

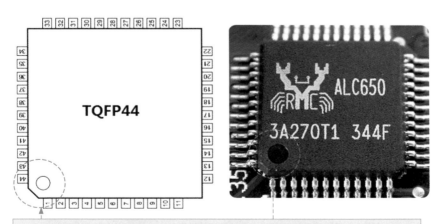

TQFP 封装的集成电路会有一个圆形凹槽或圆点来指明第 1 引脚，这种封装的集成电路四周都有引脚，且引脚顺序都是逆时针的。

图 1-17　TQFP 封装的集成电路的引脚分布

BGA 封装的集成电路的引脚分布如图 1-18 所示。

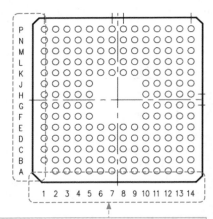

BGA 封装的集成电路，会有一个圆形凹或圆点来指明第 1 引脚，这种封装的集成电路引脚在底部。

BGA 封装的集成电路，引脚编号不是 1、2、3 等纯数字编号，而是用坐标来表示，如 A1、A2、A3、B1……

图 1-18　BGA 封装的集成电路的引脚分布

10. 接口的符号和编号

接口的作用是将两个电路板或部件连接到主板，其符号和编号如图 1-19 所示。

在电路图中，接口一般用字母 J 表示。J1101 中的 J 表示接口，1101 为编号，LCD CONNECTOR 为接口类型。

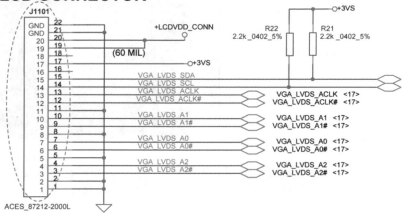

图 1-19　接口的符号和编号

1.2.2　线路连接页号提示

为了方便查找，在每一条非终端的线路上会标识与之连接的另一端信号的页码。根据线路信号的连接情况，可以了解电路的工作原理，查找如图 1-20 所示。

第一步：如果想查找 GSM_IO_IP 和 GSM_IO_IN 是由谁输入到 U5000 的，那么根据线路连接页号提示，此两个信号与第 3 页相连。

第二步：进入第 3 页找到 GSM_IO_IP 和 GSM_IO_IN 两个信号，可以查到此两个信号与芯片 U300 相连。

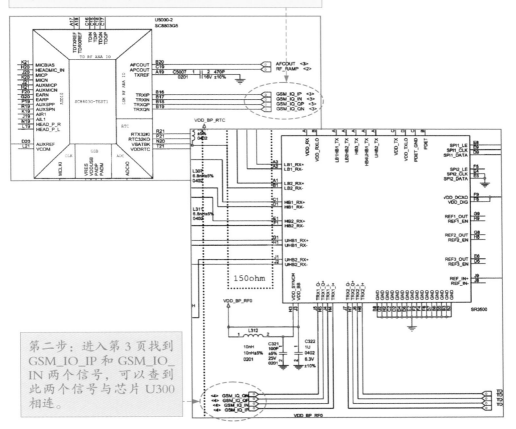

图 1-20　线路连接页号提示

1.2.3　接地点

电路板上的任何一个接地点都是相通的，它相当于电池的负极。电路图的接地点如图 1-21 所示。

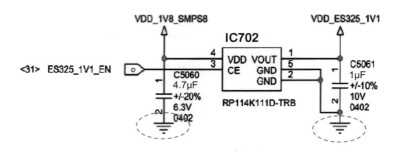

图 1-21　电路图中的接地点

1.2.4　信号说明

信号说明是对该线路传输的信号进行描述，如图 1-22 所示。

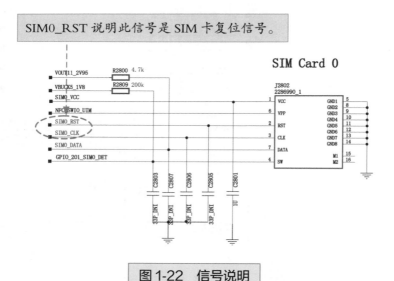

图 1-22　信号说明

1.2.5　线路化简标识

线路化简标识一般在批量线路走线时使用，如图 1-23 所示。

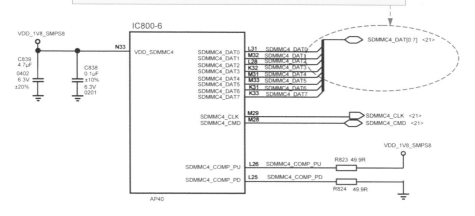

图 1-23　线路化简标识

 ## 1.3　维修变频器常用方法

　　变频器常用维修方法有很多，如观察法、比较法、电阻法、电压法等，下面详细讲解这些变频器维修中常用的方法。

1.3.1　观察法

　　观察法是变频器电路板维修过程中最基本、最直接和最重要的一种方法，通过观察变频器电路板的外观以及电路板上的元器件是否异常来判断故障，如图 1-24 所示。

1.3.2　比较法

　　比较法也是变频器维修中常用的简单易行的方法之一。在维修时，可以分别测量两个相同变频器电路板的相同结点上的电阻、电压、波形等参数并对比，来寻找故障线索，也可以对比测量一块电路板上相同电路结构的结点的电阻、电压、波形等参数来判断。看哪一个模块的波形或电压不符，再针对不相符的地方逐点检测，直到找到故障并解决，如图 1-25 所示。

在维修变频器电路板时,首先观察电路板上的电容器是否有鼓包、漏液或严重损坏;电阻器、电容器引脚或焊点是否有异常,表面是否烧焦;芯片是否开裂,电路板上的铜箔是否烧断;各个接口插头、插槽、插座是否歪斜;查看是否有金属导电物掉入电路板的缝隙中。

图 1-24　变频器电路板中爆裂的电容器

图 1-25　比较法测量变频器

1.3.3　电压法

测量电压也是变频器电路维修过程中常用且有效的方法之一。电子电路在正常工作时,电路中各点的工作电压表征了一定范围内元器件、电路工作的情况,当出现故障时电压必然发生改变。电压检查法运用万用表查出电压异常情况，并根据电压的变化情况和电路的工作原理做出推断，找出具体的故障原因。图 1-26 所示为使用万用表检测元器件电压。

电路在正常工作时，各部分的工作电压值是唯一的。当电路出现开路、短路、元器件性能变化等情况，电压值必然会有相应的变化，电压检查法就是要检测到这种变化情况，然后加以分析。

图 1-26　使用万用表检测元器件电压

1.3.4　电阻法

　　测量电阻是变频器电路维修过程中常用的方法之一，主要是通过测量元器件阻值大小的方法来大致判断芯片和电子元器件的好坏，以及判断电路中短路和断路的情况。短路通过阻值异常降低的方法判断，开路通过阻值异常升高的方法来判断。判断电路或元件有否短路，粗略的办法是使用万用表蜂鸣挡。蜂鸣挡测试时有蜂鸣器可以发出声音（一般阻值小于 20 Ω 时会发声）。图 1-27 所示为万用表测量电阻元器件。

一般小阻值元器件，如熔断器、线圈等可通过蜂鸣挡来判断好坏，如果没有发出蜂鸣声，则可能出现断路故障。大功率三极管、MOS 管等元器件的故障多为短路，检测时，用万用表蜂鸣挡测量元器件引脚间的阻值，如果发出蜂鸣声，则出现短路故障。同样，对于各组电源正、负极之间也要测量有无短路。对于各个集成芯片对电源端的短路问题，可以用万用表蜂鸣挡测试各芯片引脚与电源的正、负极之间有无短路故障。在维修检测时，这些测试工作都是顺手而为，耗不了多少功夫。

图 1-27　万用表测量电阻元器件

变频器电路板维修技巧

1.4.1　怎样维修无图纸变频器电路板

想要维修无图纸变频器电路板，必须掌握图 1-28 中所讲的技巧。

总之，无图纸维修并不是不可逾越的，只要日常维修时注意积累和总结，不断尝试，维修技能水平会不断提高，最后完全可以轻松维修大部分无图纸设备的故障。

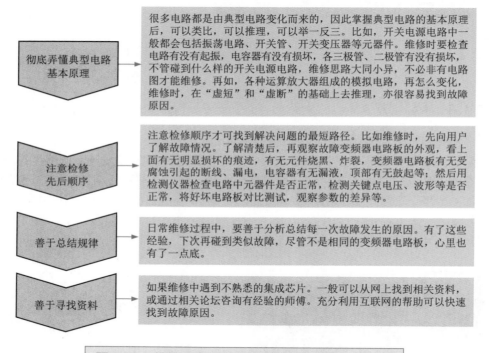

彻底弄懂典型电路基本原理	很多电路都是由典型电路变化而来的，因此掌握典型电路的基本原理后，可以类比，可以推理，可以举一反三。比如，开关电源电路中一般都会包括振荡电路、开关管、开关变压器等元器件。维修时要检查电路有没有起振，电容器有没有损坏，各三极管、二极管有没有损坏，不管碰到什么样的开关电源电路，维修思路大同小异，不必非有电路图才能维修。再如，各种运算放大器组成的模拟电路，再怎么变化，维修时，在"虚短"和"虚断"的基础上去推理，亦很容易找到故障原因。
注意检修先后顺序	注意检修顺序才可找到解决问题的最短路径。比如维修时，先向用户了解故障情况。了解清楚后，再观察故障变频器电路板的外观，看上面有无明显损坏的痕迹，有无元件烧黑、炸裂，变频器电路板有无受腐蚀引起的断线、漏电，电容器有无漏液，顶部有无鼓起等；然后用检测仪器检查电路中元器件是否正常，检测关键点电压、波形等是否正常，将好坏电路板对比测试，观察参数的差异等。
善于总结规律	日常维修过程中，要善于分析总结每一次故障发生的原因。有了这些经验，下次再碰到类似故障，尽管不是相同的变频器电路板，心里也有了一点底。
善于寻找资料	如果维修中遇到不熟悉的集成芯片。一般可以从网上找到相关资料，或通过相关论坛咨询有经验的师傅。充分利用互联网的帮助可以快速找到故障原因。

图 1-28　维修无图纸变频器电路板必须掌握的技巧

1.4.2　做好对故障的初步分析

当拿到待修的故障变频器后，应首先询问用户整个设备的故障现象，如果用户自己进行过维修，则还要进一步询问用户具体的维修情况。这是检修中分析研究的开始。

然后要从以下六个主要方面询问用户：

（1）了解用户故障变频器损坏的过程。

（2）了解用户故障变频器的自检诊断报告。

（3）了解故障变频器通电后各个指示灯的正常指示状态。

（4）了解该故障变频器近期内的使用情况。

（5）了解该故障变频器是老毛病复发，还是新故障现象。

（6）了解该故障变频器有无修理过，如果修理过应讲清楚修理的经过以及更换过的器件。

1.4.3　变频器维修的基本流程

1. 观察故障变频器

当我们拿到一块待维修的变频器电路板时，应首先对它的外观进行仔细观察，观察的顺序和关键点如图 1-29 所示。

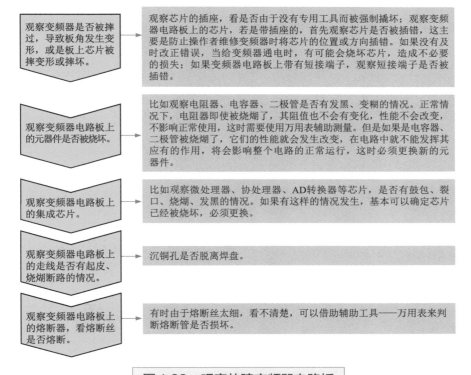

图 1-29　观察故障变频器电路板

如果出现上述故障现象，就要具体查找故障原因，检查的总体思路是：首先要仔细分析变频器的原理图，然后根据所烧毁的元器件所在电路查找它的上级电路，一步一步向上推导，再凭工作中积累的一些经验，分析最容易发生问题的地方，找出故障发生的原因。

2. 断电状态检测变频器电路板

对于无明显烧坏或损坏的变频器电路板，要找出故障原因，还需要测量电路中的关键电压、电阻等参数。对变频器电路板元器件以及相关的部位逐一进行检测。

（1）对电源与地进行短路检测，看负载电路是否有短路问题。

（2）检测二极管是否正常。

（3）检查电容器是否出现短路甚至是断路情况。

（4）检查变频器电路板相关的集成芯片及电阻器等元器件的指标。

3. 通电状态检测变频器

经过前面两个步骤如果仍然没有找到故障原因，就需要通过在路测量的方法找出故障原因，如图 1-30 所示。

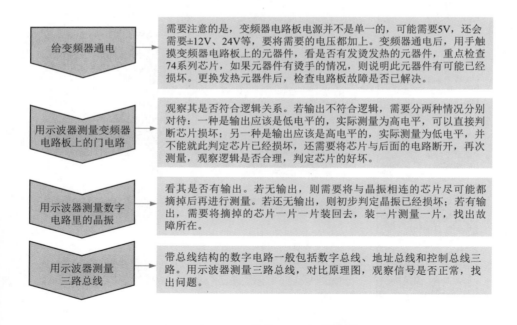

图 1-30　通电状态检测变频器电路板

1.5　维修检测经验

1.5.1　通过元器件型号查询元器件详细参数

　　在实际维修中，由于缺少电路图，经常需要通过电路板上看到的元器件型号来查找元器件的参数信息，依此来了解元器件的功能作用。

　　那么如何查询元器件的参数信息呢？如图 1-31 所示。

（1）首先查看并记下电路板上芯片的型号，如图中的芯片型号为 ADM485。

（2）在浏览器的地址栏中输入芯片资料网的网址：http://www.alldatasheet.com，打开此网站。

（3）在网站的查询栏中输入芯片型号"ADM485"，然后单击右侧的查询图标。

图 1-31　查询元器件的参数信息

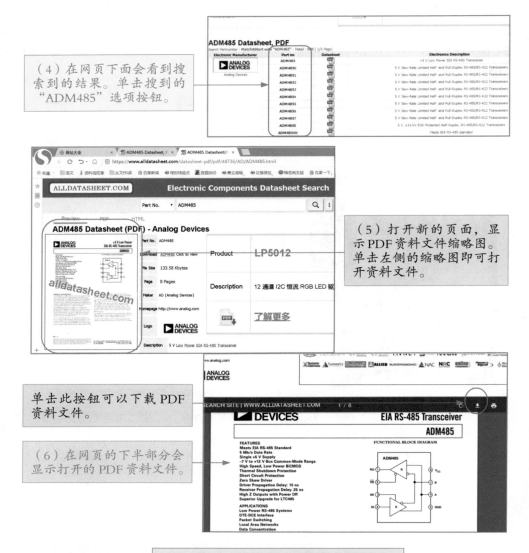

图1-31　查询元器件的参数信息（续）

1.5.2　通过贴片元器件丝印代码查询元器件型号信息

　　上一小节讲解了如何通过芯片型号查询芯片的参数资料信息，但在变频器电路板上还有一些特别小的贴片电感器、电容器、二极管、三极管等小元器件。由于体积很小，它的上面只能印刷2~3个字母或数字，如A6等。这些印字根本不是元器件的型号，它只是一个代码。而通过代码是无法在芯片资料网中查到元器件的资料文件的（只有通过型号才能查询）。

　　那么怎样才能通过元器件上的丝印代码查询元器件的参数信息呢？首先通过代码查到元器件的型号，然后在芯片资料网站中查询其资料信息。方法如图 1-32 所示。

（1）记下元器件上的代码，如图中的"A6"。

（2）在浏览器的地址栏中输入芯片丝印反查网的网址：http://www.smdmark.com，打开此网站。

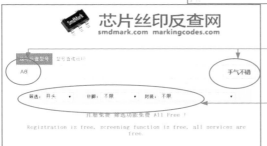

（3）在查询栏中输入芯片代码"A6"，然后单击右侧的"手气不错"查询按钮。

注意，此处还可以设置查询条件。

（4）界面会以列表的形式展示查询结果。其中第 2 列是型号信息，第 5、6 列为引脚数和功能描述。找到与查询的元器件接近的选项，记下型号信息，如"BAS16W"。

图 1-32　通过贴片元器件丝印代码查询元器件型号信息

（5）然后打开芯片资料网（http://www.alldatasheet.com），并输入刚才查询的型号，进行查询。

（6）打开查询的PDF资料文件，可以看到元器件的详细参数信息。

图1-32　通过贴片元器件丝印代码查询元器件型号信息（续）

1.5.3　给变频器加电经验技巧

1. 变频器中控制电路的工作电压特点

变频器中控制电路的工作电压特点如下：

（1）处理器部分一般采用5V或3.3V的工作电压。

（2）模拟电路部分一般采用±12V或±15V或12V、15V的单电源工作电压。

（3）光耦输入接口、继电器接口一般采用12V或24V的工作电压。

2. 电路板直流工作电压测量规律

测量直流电压时，选择合适的直流电压挡，黑表笔接地线，红表笔接待测点，根据测量结果判断。

（1）整机直流工作电压空载时会比工作时高出几伏，越高说明电源内阻越大。

（2）整机中整流电路输出端直流电压最高，沿RC滤波、退耦电路逐渐降低。

（3）对于有极性电解电容器两端的电压，正极端高于负极端。

（4）如果电容器两端电压为 0，只要电路中有直流电压工作，则说明该电容器已短路。电感器两端直流电压应接近于 0，否则是开路故障。

（5）电路中有直流工作电压时，电阻器两端应有压降，否则电阻器电路有故障。

（6）电感器两端直流电压不为 0，说明电感器开路。

3. 找电源节点

加电之前，要先找到电源节点。确定电源节点的方法如下：

（1）找到稳压芯片的输入端、输出端、接地端，再确定电压加入点。比如 7805 稳压芯片组成的稳压电路，如果测试要求给 5V 系统供电，就可以在 7805 的电压输出端和接地端接 5V 电压测试，如果 5V 之前还有电路需要测试，则可在 7805 的输入端和接地端之间加 8V 以上的电压。

（2）通过查看芯片的数据手册，找出电源引脚，确定电压加入点。比如 TTL 芯片的工作电压为 5V，通常芯片第一排的最后一个引脚是接地引脚，而第二排的最后一个引脚是电源引脚，加电测试时，可用导线或电阻的引脚焊在芯片的对应电源引脚上，然后用鳄鱼夹将测试电源夹在引出的导线或引脚上。

（3）对于电源电压不明确的电路，则要先找到大的滤波电解电容器，一般情况下，该电容器正负两端就是电源端，通过观察电容器上标注的耐压值还可估计系统所用电压大小，如 50V 的电容耐压值，所加电压为 24V。

第2章

变频器电路元器件
检测维修方法

电子元器件是变频器电路板的基本组成部件，变频器的故障都是基本元器件故障引起的，而在维修变频器时，也需要通过检测元器件来判定和排除故障。因此在学习变频器维修之前，应先掌握常见电子元器件检测方法。

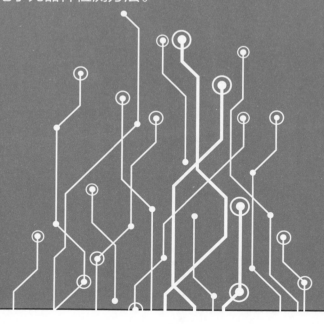

2.1　电路板板级维修和芯片级维修的区别

　　板级维修是指维修人员在维修设备时，查出是哪一块具体的电路板出现问题，然后通过直接更换电路板的方法修复故障。板级维修需要购买新电路板，维修成本较高。而且有些电路板不容易在市场上买到，维修工作会受到限制。

　　芯片级维修则是找出故障电路板中损坏的电子元器件或者芯片，针对发生故障的元器件或芯片进行更换的维修方法。芯片级维修的核心是找出损坏的故障元件，而电路板通常都比较复杂，所以需要掌握一定电子电路专业知识才能从事芯片级维修工作。

2.2　常用电阻器及其检测方法

　　在电路中，电阻器的主要作用是稳定和调节电路中的电流和电压，即控制某一部分电路的电压和电流比例的作用。电阻器是电路元件中应用最广泛的一种，在电子设备中约占元件总数的 30%。

2.2.1　常用电阻器有哪些

　　电阻器是电路中最基本的元器件之一，其种类较多，如图 2-1 所示。

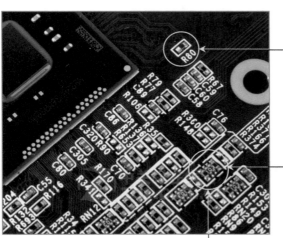

贴片电阻器具有体积小、重量轻、安装密度高、抗震性强、抗干扰能力强、高频特性好等优点。

排电阻器（简称排阻）是一种将多个分立电阻器集成在一起的组合型电阻器。

图 2-1　电阻器的种类

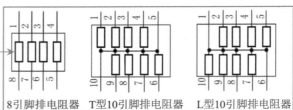

8引脚排电阻器和10引脚排电阻器内部结构。

8引脚排电阻器　　T型10引脚排电阻器　　L型10引脚排电阻器

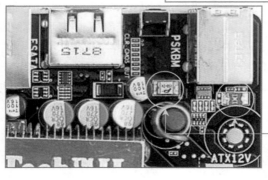

熔断电阻器的特性是阻值小，只有几欧姆，超过额定电流时就会烧坏，在电路中起到保护作用。

碳膜电阻器电压稳定性好、造价低。从外观看，碳膜电阻器有四个色环，为蓝色。

金属膜电阻器体积小、噪声低、稳定性良好。从外观看，金属膜电阻器有五个色环，为土黄色。

压敏电阻器主要用在电气设备交流输入端，用作过电压保护。当输入电压过高时，其阻值将减小，使串联在输入电路中的熔断管熔断，切断输入，从而保护电气设备。

图 2-1　电阻器的种类（续）

2.2.2　认识电阻器的符号很重要

维修电路时，通常需要参考电气设备的电路原理图来查找问题，而电路图中的元器件主要用元器件符号来表示。元器件符号包括文字符号和图片符号。其中，电阻器用字母 R 来表示。表 2-1 所示为常见电阻器的电路图形符号，图 2-2 所示为电路图中电阻器的符号。

表 2-1　常见电阻器的电路图形符号

一般电阻器	可变电阻器	光敏电阻器	压敏电阻器	热敏电阻器

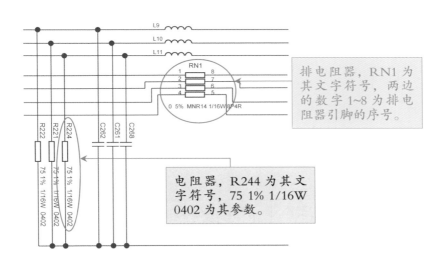

图 2-2　电阻器的符号

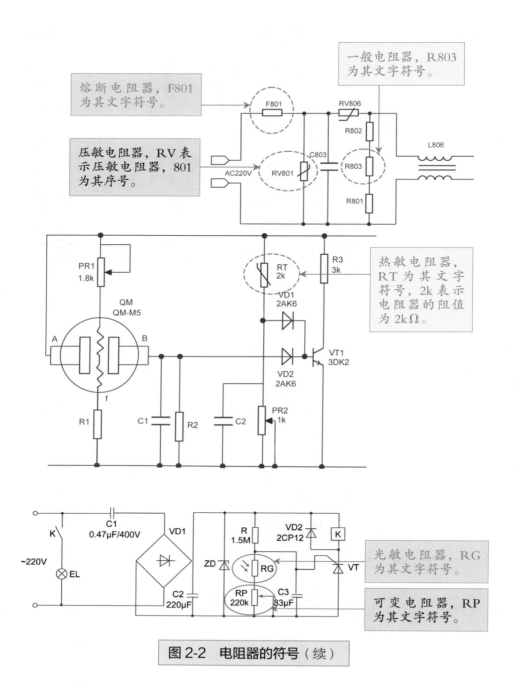

一般电阻器，R803
为其文字符号。

熔断电阻器，F801
为其文字符号。

压敏电阻器，RV 表
示压敏电阻器，801
为其序号。

热敏电阻器，
RT 为其文字
符号，2k 表示
电阻器的阻值
为 2kΩ。

光敏电阻器，RG
为其文字符号。

可变电阻器，RP
为其文字符号。

图 2-2　电阻器的符号（续）

2.2.3　轻松计算电阻器的阻值

电阻器的阻值标注法通常有数标法、色环法。色环法在一般的的电阻器上比较常见，数标法通常用在贴片电阻器上。

1. 读懂数标法标注的电阻器

数标法用三位数表示阻值，前两位表示有效数字，第三位数字是倍率，如图 2-3 所示。

排电阻器上的"0"表示其阻值为 0。

电阻器上的"472"表示电阻器的阻值为 $47 \times 10^2 = 4\ 700\ \Omega$。

（1）如果电阻器标注为"ABC"，则其阻值为 $AB \times 10^C$，其中，"C"如果为 9，则表示 -1。例如，电阻器标注为"653"，则阻值为 $65 \times 10^3\ \Omega = 65\ k\Omega$。

（2）可调电阻器在标注阻值时，也常用两位数字表示。第一位表示有效数字，第二位表示倍率。例如："24"表示 $2 \times 10^4 = 20k\Omega$。还有标注时用 R 表示小数点，如 R22=0.22Ω，2R2=2.2Ω。

图 2-3　数标法标注电阻器

2. 读懂色标法标注的电阻器

色标法是指用色环标注阻值的方法，色环标注法使用最多，普通的色环电阻器用四环表示，精密电阻器用五环表示。

如果色环电阻器用四环表示，前面两位数字是有效数字，第三位是 10 的倍率，第四环是色环电阻器的误差范围，如图 2-4 所示。

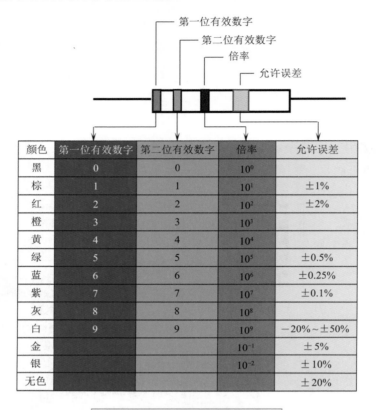

图 2-4　四环电阻器阻值说明

如果色环电阻器用五环表示，前面三位数字是有效数字，第四位是 10 的倍率，第五环是色环电阻器的误差范围，如图 2-5 所示。

根据电阻器色环的读识方法，可以很轻松地计算出电阻器的阻值，如图 2-6 所示。

3. 如何识别首位色环

经过上述阅读读者朋友会发现一个问题，如何识别首位色环。

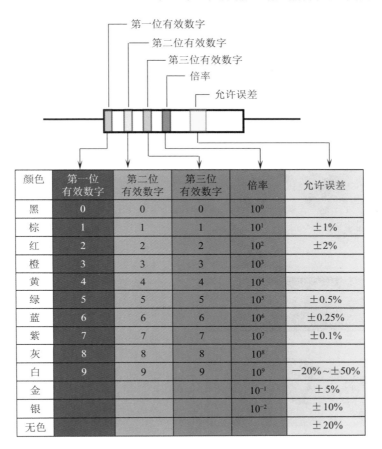

颜色	第一位 有效数字	第二位 有效数字	第三位 有效数字	倍率	允许误差
黑	0	0	0	10^0	
棕	1	1	1	10^1	±1%
红	2	2	2	10^2	±2%
橙	3	3	3	10^3	
黄	4	4	4	10^4	
绿	5	5	5	10^5	±0.5%
蓝	6	6	6	10^6	±0.25%
紫	7	7	7	10^7	±0.1%
灰	8	8	8	10^8	
白	9	9	9	10^9	$-20\% \sim \pm 50\%$
金				10^{-1}	±5%
银				10^{-2}	±10%
无色					±20%

图 2-5　五环电阻器阻值说明

此电阻器的色环为：棕、绿、黑、白、棕五环，对照色码表，其阻值为 $150 \times 10^9 \Omega$，误差为 ±1%。

此电阻器的色环为：灰、红、黄、金四环，对照色码表，其阻值为 $82 \times 10^4 \Omega$，误差为 ±5%。

图 2-6　计算电阻器阻值

电阻器首位色环判断方法大致有四种，如图 2-7 所示。

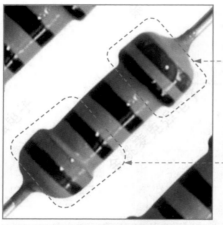

首位色环与第二色环之间的距离比末位色环与倒数第二色环之间的间隔要小。

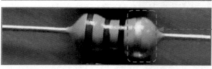

金、银色环常用作表示电阻器误差范围的颜色，即金、银色环一般放在末位，与之对立的即为首位色环。

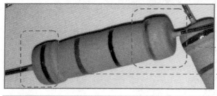

与末位色环位置相比，首位色环更靠近引线端，因此可以利用色环与引线端的距离来判断首位色环。

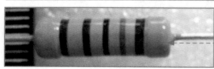

如果电阻器上没有金、银色环，并且无法判断哪个色环更靠近引线端，可以用万用表检测一下，根据测量值即可判断首位有效数字及位乘数，对应的顺序就全都知道了。

图 2-7 判断电阻器首位色环

2.2.4 固定电阻器的检测方法

固定电阻器的检测相对于其他元器件的检测来说要简便，可以先采用在路检测，如果测量结果不能确定故障，就将其从电路中焊下来，开路检测其阻值。如图 2-8 所示。

（1）将指针万用表调至欧姆挡，并调零，然后将两表笔分别与电阻器的两引脚相接，即可测出实际电阻值。

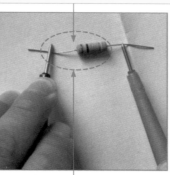

（2）测量电阻器时没有极性限制，表笔可以接在电阻器的任意一端。为了使测量结果更加精准，应根据被测电阻器标称阻值来选择万用表量程。

图 2-8　测量电阻器

测量分析：根据电阻器误差等级不同，算出误差范围，若实测值已超出标称值，说明该电阻器已经不能继续使用，若仍在误差范围内电阻器仍可继续使用。

2.2.5　熔断电阻器的检测方法

熔断电阻器可通过观察外观和测量阻值来判断其好坏，如图 2-9 所示。

（1）在电路中，多数熔断电阻器的故障可通过观察外观做出判断。例如，若发现熔断电阻器表面烧焦或发黑（也可能会伴有焦味），可断定熔断电阻器已损坏。

图 2-9　熔断电阻器的检测方法

（2）将指针万用表的挡位调到 R×1 挡，并调零。然后两表笔分别与熔断电阻器的两引脚相接，测量阻值。

图 2-9　熔断电阻器的检测方法（续）

测量分析：若测量的阻值为无穷大，则说明此熔断电阻器已经开路。若测得的阻值与 0 接近，说明该熔断电阻器基本正常。如果测得的阻值较大，则需要开路做进一步测量。

2.2.6　贴片式普通电阻器的检测方法

贴片式普通电阻器的检测方法如图 2-10 所示。

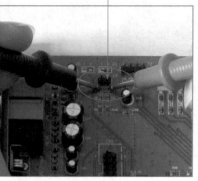

（1）待测普通贴片电阻器标注为 101，可算出其标称阻值为 100Ω，因此选用数字万用表的 200 挡进行检测。

（2）将万用表的红、黑表笔分别接在待测的电阻器两端进行测量。如果实际值与标称阻值相距甚远，证明该电阻器已经出现问题。

图 2-10　贴片式普通电阻器的检测方法

2.2.7　贴片式排电阻器的检测方法

如果是 8 引脚的贴片式排电阻器，则内部包含 4 个电阻器，如果是 10 引脚的排电阻器，可能内部包含 10 个电阻器，所以在检测贴片式排电阻器时需注意其内部结构。贴片式排电阻器的检测方法如图 2-11 所示。

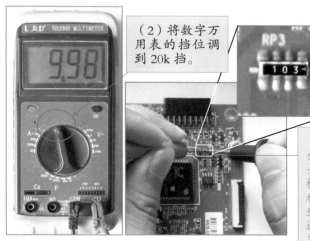

（2）将数字万用表的挡位调到 20k 挡。

（1）图中电阻器的标注为 103，即阻值为 $10 \times 10^3 \Omega$。

（3）检测时应把红、黑表笔分别加在电阻器对称的两端，并分别测量 4 组对称的引脚。检测到的 4 组数据均应与标称阻值接近。若有一组检测到的结果与标称阻值相差甚远，则说明该贴片式排电阻器已损坏。

图 2-11　贴片式排电阻器的检测方法

2.2.8　压敏电阻器的检测方法

压敏电阻器检测方法如图 2-12 所示。

选用指针万用表的 R×1k 或 R×10k 挡，将两表笔分别加在压敏电阻器两端测量其阻值；交换两表笔再测量一次。若两次测得的阻值均为无穷大，说明被测压敏电阻器质量合格，否则证明其漏电严重而不可使用。

图 2-12　压敏电阻器的检测方法

常用电容器及其检测方法

电容器是电路中应用最广泛的元器件之一，其由两个相互靠近的导体极板中间夹一层绝缘介质构成，它是一种重要的储能元件。

2.3.1　常用电容器有哪些

常用的电容器有贴片电容器、铝电解电容器、陶瓷电容器、固态铝质电解电容器、独石电容器、圆轴向电容器、安规电容器等，具体如图 2-13 所示。

正极符号

有极性贴片电容器也就是平时所称的电解电容器，由于其紧贴电路版，温度稳定性要求较高。

无极性电容器

铝电解电容器由铝圆筒做负极，里面装有液体电解质，插入一片弯曲的铝带做正极而制成的。铝电解电容器的特点是容量大，但漏电大、稳定性差，适用于低频或滤波电路，它有极性限制，使用时不可接反。

图 2-13　常用电容器

固态铝质电解电容器的介电材料为导电性高分子材料，而非电解液。可以持续在高温环境中稳定工作，具有使用寿命长、低 ESR 和高额定纹波电流等特点。

陶瓷电容器的特点是体积小、耐热性好、损耗小、绝缘电阻高，但容量小，适用于高频电路。

圆轴向电容器由一根金属圆柱和一个与它同轴的金属圆柱壳组成。其特点是损耗小、自愈性优异、阻燃胶带外包和环氧密封、耐高温、容量范围广等。

独石电容器属于多层片式陶瓷电容器。它是多层叠合结构，是多个简单平行板电容器的并联体。它的温度特性和频率特性较好，容量较稳定。

安规电容器是指电容器失效后，不会导致电击，不危及人身安全的安全电容器。出于安全和 EMC 考虑，一般在电源入口建议加上安规电容器。它常用在电源滤波器中，分别对共模、差模干扰起滤波作用。

图 2-13　常用电容器（续）

2.3.2　认识电容器的符号很重要

维修电路时，通常需要参考电气设备的电路原理图来查找问题，下面来识别电路图中的电容器。电容器用字母 C 来表示。表 2-2 和图 2-14 所示为电容器的电路图形符号和电路图中的电容器。

表 2-2　常见电容器电路图形符号

固定电容器	可变电容器	极性电容器

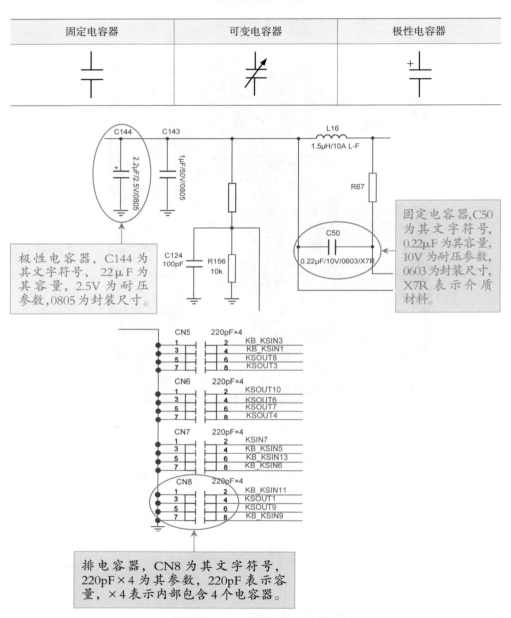

图 2-14　电容器的符号

2.3.3　如何读懂电容器的参数

电容器的参数通常会标注在电容器外壳上，常见的有直标法、数字符号法和色环标注法。

1. 直标法

直标法就是用数字或符号将电容器的有关参数（主要是标称容量和耐压参数）直接标示在电容器的外壳上，这种标注法常见于电解电容器和体积稍大的电容器。读识方法如图 2-15 所示。

图中的 68μF 400V 表示容量为 68μF，耐压参数为 400V。

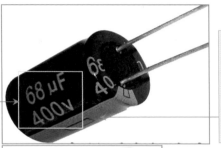

有极性的电容器通常在负极引脚端有负极标识"−"，通常负极端颜色和其他地方不同。

107 表示 $10 \times 10^7 = 100\mu F$，16V 为耐压参数。

采用数字标注时常用三位数字，前两位数表示有效数，第三位数表示倍率，单位为 pF。例如 104 表示 $10 \times 10^4 = 100\ 000pF = 0.1\mu F$。

如果数字后面跟有字母，则字母表示电容器容量的误差，其误差值含义为：G 表示 ±2%，J 表示 ±5%，K 表示 ±10%；M 表示 ±20%；N 表示 ±30%；P 表示 +100%，−0；S 表示 +50%，−20%；Z 表示 +80%，−20%。

图 2-15　读懂电容器的参数（直标法）

2. 数字符号法

除了上面讲到的两种标注方法，还有一种特殊的数字符号法，它是将电容器的容量用数字和单位符号按一定规则进行标称的方法。具体方法是：容量的整数部分＋容量的单位符号＋容量的小数部分。容量的单位符号F（法）、mF（毫法）、μF（微法）、nF（纳法）、pF（皮法）。数字符号法标注电容器的方法如图 2-16 所示。

10μ 表示容量为 10μF。

例如：18P 表示容量为 18pF、5P6 表示容量为 5.6pF、2n2 表示容量为 2.2nF（2200pF）、4m7 表示容量为 4.7 毫法（4700μF）。

图 2-16　读懂电容器的参数（数字符号法）

3. 色环标注法

采用色环标注法的电容器又称色标电容器，即用色码表示电容器的标称容量。电容器色环识别的方法如图 2-17 所示。

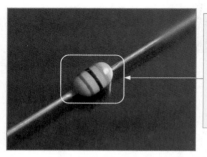

色环顺序自上而下沿着引线方向排列；第一、二种颜色表示电容器的两位有效数字，第三颜色表示倍乘率，电容器的单位规定用 pF。

图 2-17　读懂电容器的参数（色环标注法）

表 2-3 所示为色环颜色和表示数字的对照表。

表 2-3　色环的含义

色环颜色	黑色	棕色	红色	橙色	黄色	绿色	蓝色	紫色	灰色	白色
表示数字	0	1	2	3	4	5	6	7	8	9

例如：色环的颜色分别为黄色、紫色、橙色，其容量为 $47 \times 10^3 pF =$ 47 000 pF。

2.3.4　0.01μF 以下容量固定电容器的检测方法

一般 0.01μF 以下固定电容器大多是瓷片电容器、薄膜电容器等。因电容器容量太小，用万用表进行检测，只能定性地检查其绝缘电阻，即有无漏电、内部短路或击穿现象，不能定量判定质量。检测时，先观察电容器是否有漏液、爆裂或烧毁等情况。

指针万用表检测 0.01μF 以下容量固定电容器的方法如图 2-18 所示。

将指针万用表功能旋钮旋至 R×10k 挡，用两表笔分别接电容器的两个引脚，观察指针有无偏转，然后交换表笔再测量一次。

图 2-18　0.01μF 以下容量固定电容器的检测方法

测量结论：二次检测中，阻值均应为无穷大。若能测出阻值（指针向右摆动），则说明电容器漏电损坏或内部已击穿。

2.3.5　0.01μF 以上容量固定电容器的检测方法

0.01μF 以上容量固定电容器检测方法如图 2-19 所示。

（2）测试时，两表笔快速交换在电容器两个电极测量，观察表针向右摆动后能否回到无穷大位置，若不能则说明电容器有问题。

（1）对于 0.01μF 以上容量的固定电容器，可用指针万用表的 R×10k 挡测试。

图 2-19　0.01μF 以上容量固定电容器的检测方法

2.3.6　用数字万用表的电容测量插孔测量电容器的方法

用数字万用表的电容测量插孔测量电容器的方法如图 2-20 所示。

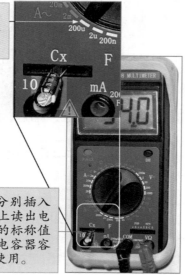

（1）将功能旋钮旋到电容挡，量程大于被测电容器容量。将电容器的两极短接放电。

（2）将电容器的两只引脚分别插入电容器测试孔中，从显示屏上读出电容值。将读出的值与电容器的标称值比较，若相差太大，说明该电容器容量不足或性能不良，不能再使用。

图 2-20　用数字万用表的电容测量插孔测量电容器的方法

2.4　常用电感器及其检测方法

电感器是一种能够把电能转化为磁能并储存的元器件，其主要功能是阻止电流的变化。当电流从小到大变化时，电感器阻止电流的增大。当电流从大到小变化时，电感器阻止电流减小；电感器常与电容器配合使用，在电路中主要用于滤波（阻止交流干扰）、振荡（与电容器组成谐振电路）、波形变换等。

2.4.1　常用电感器有哪些

电路中常用的电感器有磁棒电感器、磁环电感器、贴片电感器、超合金电感器等，具体如图 2-21 所示。

全封闭式超级铁素体（SFC），此电感器可以依据当时的供电负载来自动调节电力的负载。

磁棒电感器是在线圈中安插一个磁棒制成的，磁棒可以在线圈内移动，用以调整电感器容量的大小。

封闭式电感器将线圈完全密封在绝缘盒中。这种电感器减少了外界对电感器的影响，性能更加稳定。

磁环电感器是在磁环上绕制线圈制成的。磁环的存在大大提高了线圈电感器的稳定性，磁环的大小以及线圈的缠绕方式都会对电感器造成很大的影响。

图 2-21　电路中常用的电感器

贴片电感器具有小型化、高品质、高能量储存和低电阻的特性。

半封闭电感器的防电磁干扰良好，在高频电流通过时不会发生异响，散热良好，可以提供大电流。

全封闭陶瓷电感器，以陶瓷封装，属于早期产品。

超薄贴片式铁氧体电感器以锰锌铁氧体、镍锌铁氧体作为封装材料。散热性能、电磁屏蔽性能较好，封装厚度较薄。

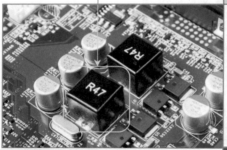

全封闭铁素体电感器，以四氧化三铁混合物封装，相比陶瓷电感器而言具备更好的散热性能和电磁屏蔽性。

超合金电感器使用几种合金粉末压合而成，具有铁氧体电感器和磁圈的优点，可以实现无噪声工作，工作温度较低。

图 2-21　电路中常用的电感器（续）

2.4.2 认识电感器的符号很重要

维修电路时，通常需要参考电气设备的电路原理图来查找问题，下面来识别电路图中的电感器。电感器一般用字母 L 表示。表 2-4 所示为常见电感器的电路图形符号，图 2-22 所示为电路图中的电感器符号。

表 2-4 常见电感器电路图形符号

电感器	带铁心电感器	共模电感器	磁环电感器	单层线圈电感

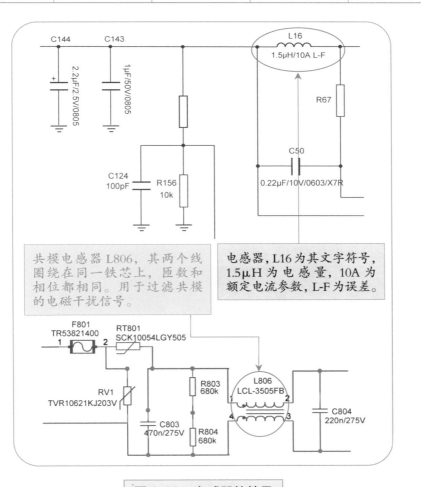

图 2-22 电感器的符号

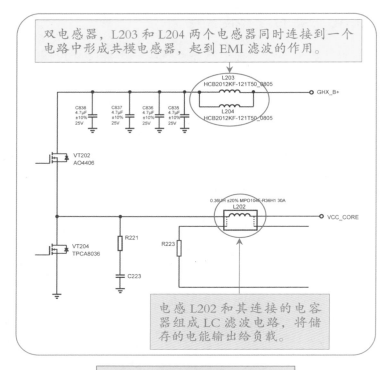

双电感器，L203 和 L204 两个电感器同时连接到一个电路中形成共模电感器，起到 EMI 滤波的作用。

电感 L202 和其连接的电容器组成 LC 滤波电路，将储存的电能输出给负载。

图 2-22　电感器的符号（续）

2.4.3　如何读懂电感器的参数

电感器的参数通常会标注在电感器壳体上，一般有数字符号法和数码标法两种，具体读识方法如图 2-23 所示。

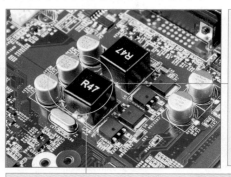

数字符号法是将电感器的标称值和偏差值用数字和文字符号法按一定的规律组合标示在电感器壳体上。采用数字符号法标注的电感器通常是一些小功率电感器，单位通常为 nH 或 pH。用 pH 做单位时，"R"表示小数点；用"nH"做单位时，"N"表示小数点。

例如，R47 表示电感量为 0.47 pH，而 4R7 则表示电感量为 4.7 pH；10N 表示电感量为 10nH。

图 2-23　电感器参数

数码法标注的电感器，前两位数字表示有效数字，第三位数字表示倍乘率，如果有第四位数字，则表示误差值。这类电感器的电感量单位一般是微亨（μH）。例如 100，表示电感量为 $10 \times 10^0 = 10\mu H$。

图 2-23　电感器参数（续）

2.4.4　用指针万用表测量电感器的方法

一般来说，电感器的线圈匝数不多，直流电阻较低，因此，用指针万用表电阻挡进行检测很实用。用指针万用表检测电感器的方法如图 2-24 所示。

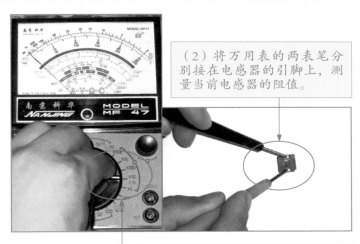

（2）将万用表的两表笔分别接在电感器的引脚上，测量当前电感器的阻值。

（1）将指针万用表的挡位旋至欧姆挡的 R×10 挡，然后对万用表进行调零校正。

图 2-24　指针万用表检测电感器的方法

测量分析：如果测量的阻值趋于 0，则表明电感器内部存在短路故障；如果被测电感器的阻值趋于无穷大，选择最高阻值量程继续检测，若测量阻值仍趋于无穷大，则表明电感器已损坏。

2.4.5　用数字万用表测量电感器的方法

　　用数字万用表检测电感器时，将数字万用表调到二极管挡（蜂鸣挡），然后把表笔按在两引脚上，观察读数。

　　数字万用表测量电感器的方法如图 2-25 所示。

（1）贴片电感器此时的读数应为 0，若万用表读数偏大或为无穷大，则表示电感器已损坏。

（2）若电感器线圈匝数较多，线径较细，读数会达到几十到几百。通常情况下线圈的直流电阻只有几欧姆。

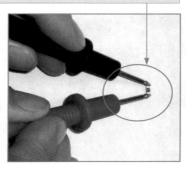
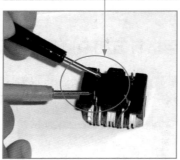

图 2-25　数字万用表测量电感器的方法

2.5　常用二极管及其检测方法

　　二极管是常用的电子元器件之一，其最大的特性就是单向导电。在电路中，电流只能从二极管的正极流入，负极流出。利用二极管单向导电性，可以把方向交替变化的交流电变换成单一方向的脉冲直流电。另外，二极管在正向电压作用下电阻很小，处于导通状态，在反向电压作用下，电阻很大，处于截止状态，如同一只开关。利用二极管的开关特性，可以组成各种逻辑电路（如整流电路、检波电路、稳压电路等）。

2.5.1　常用二极管有哪些

　　电路中常用的二极管有发光二极管、开关二极管、稳压二极管、检波二极管、整流二极管等，具体如图 2-26 所示。

发光二极管的内部结构为一个 PN 结，而且具有晶体管的特性。当发光二极管的 PN 结加上正向电压时，会产生发光现象。

开关二极管是为在电路上进行"开""关"而特殊设计制造的一类二极管。它由导通变为截止或由截止变为导通所需的时间比一般二极管短。

稳压二极管也称齐纳二极管，它是利用二极管反向击穿时两端电压不变的原理来实现稳压限幅、过载保护。

图 2-26 电路中常用的二极管

检波二极管的作用是利用其单向导电性将高频或中频无线电信号中的低频信号或音频信号分检出来。

整流二极管是将交流电整流成直流电的二极管，图中4个二极管组成了一个整流桥。

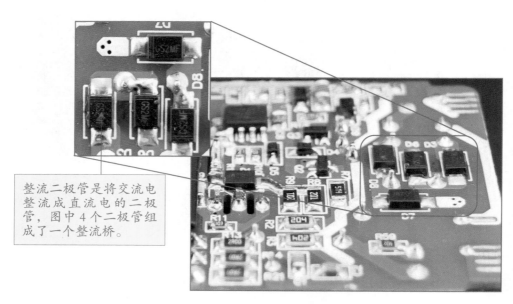

图 2-26 电路中常用的二极管（续）

2.5.2 认识二极管的符号很重要

维修电路时，通常需要参考电气设备的电路原理图来查找问题，下面识别电路图中的二极管。二极管用字母 D、VD 来表示。表 2-5 所示为常见二极管的电路图形符号，图 2-27 为电路图中二极管的符号。

表 2-5　常见二极管的电路图形符号

普通二极管	双向抑制二极管	稳压二极管	发光二极管

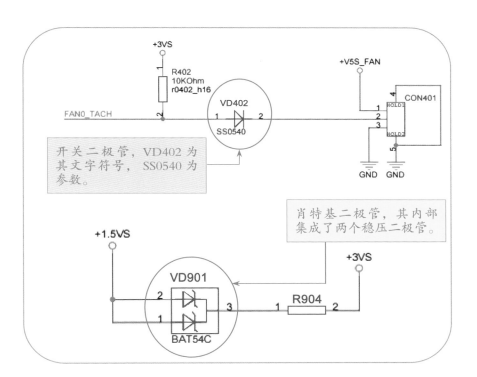

开关二极管，VD402 为其文字符号，SS0540 为参数。

肖特基二极管，其内部集成了两个稳压二极管。

发光二极管，VD30 为其文字符号，WHITE 为光的颜色说明，HT-F 196BP5 为参数。

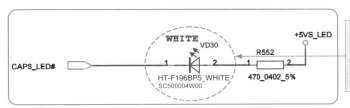

图 2-27　电路图中二极管的符号

整流堆，VD03 为其文字符号，D3SB60-4A 为其参数，整流堆内部集成了 4 个整流二极管。

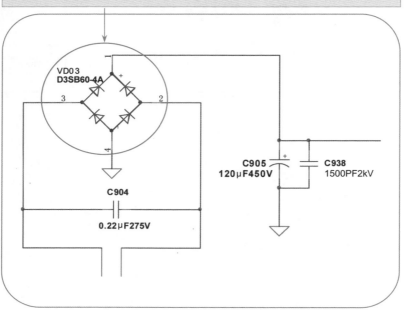

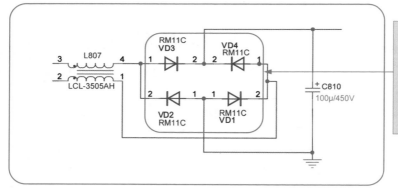

整流二极管，VD1~VD4 为其文字符号，表示有 4 个整流二极管，KBP206 为其参数。

图 2-27　电路图中二极管的符号（续）

2.5.3　用指针万用表检测二极管的方法

二极管的检测主要依据其正向电阻小、反向电阻大这一特性。用指针万用表对二极管进行检测的方法如图 2-28 所示。

（3）如果两次测量中，一次阻值较小，另一次阻值较大（或为无穷大），则说明二极管基本正常。阻值较小的一次测量结果是二极管的正向电阻值，黑表笔所接为二极管正极，红表笔所接为负极；阻值较大（或为无穷大）的一次为二极管的反向电阻值。

（1）将指针万用表置于R×1k挡，并做调零校正。

（4）如果测得二极管的正、反向电阻值都很小，则说明二极管内部已击穿短路或漏电损坏。如果测得二极管的正、反向电阻值均为无穷大，则说明该二极管已开路损坏。

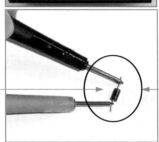

（2）两表笔分别接二极管的两个引脚，测量出一个结果后，对调两表笔再次进行测量。

图2-28　用指针万用表对二极管进行检测的方法

2.5.4　用数字万用表检测二极管的方法

用数字万用表对二极管进行检测的方法如图2-29所示。

（2）红表笔接二极管的正极，黑表笔接负极，测量正向电压。

（1）将数字万用表的挡位调到二极管挡。

图2-29　用数字万用表对二极管进行检测的方法

测量分析：普通二极管正向压降为 0.4~0.8V，肖特基二极管的正向压降在 0.3V 以下，稳压二极管正向压降在 0.8V 以上。如果测量值为 0，说明二极管内部短路；如果测量值为无穷大，说明二极管内部断路。

2.6 常用三极管及其检测方法

三极管是一种控制电流的半导体器件，其作用是把微弱信号放大成幅度值较大的电信号。

三极管是在一块半导体基片上制作两个相距很近的 PN 结，两个 PN 结把整块半导体分为三部分，中间部分是基区，两侧部分是发射区和集电区，排列方式有 PNP 和 NPN 两种。

三极管按材料分为锗管和硅管两种。而每一种又有 NPN 和 PNP 两种结构形式，但使用最多的是硅 NPN 和锗 PNP 两种三极管。

2.6.1 常用三极管有哪些

三极管是电路中最基本的元器件之一，在电路中被广泛使用，特别是放大电路中。常用的三极管有 PNP 型三极管、开关三极管、贴片三极管、NPN 型三极管等，具体如图 2-30 所示。

PNP 型三极管由两块 P 型半导体中间夹着一块 N 型半导体所组成。

开关三极管工作于截止区和饱和区，相当于电路的切断和导通。由于它具有断路和接通的作用，被广泛应用于各种开关电路中。

图 2-30 常用三极管

贴片三极管可以把微弱的电信号放大到一定强度。当然,这种转换仍然遵循能量守恒,它只是把电源的能量转换成信号的能量。

NPN 型三极管由两块 N 型半导体和一块 P 型半导体组成,P 型半导体在中间,两块 N 型半导体在两侧。

图 2-30 常用三极管(续)

2.6.2 认识三极管的符号很重要

维修电路时,通常需要参考电气设备的电路原理图来查找问题,下面识别电路图中的三极管。三极管一般用字母 V、VT 表示。表 2-6 所示为常见三极管的电路图形符号,图 2-31 所示为电路图中三极管的符号。

表 2-6 常见三极管电路符号

NPN 型三极管	PNP 型三极管
B —— E C	B —— E C

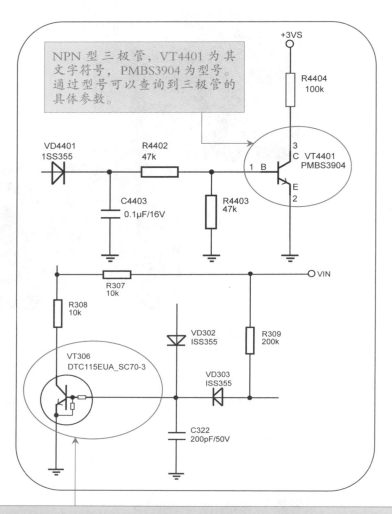

NPN 型三极管，VT4401 为其文字符号，PMBS3904 为型号。通过型号可以查询到三极管的具体参数。

NPN 型数字三极管，VT306 为其文字符号，DTC115EUA_SC70-3 为型号。数字晶体三极管是带电阻器的三极管，此三极管在基极上串联一只电阻器，并在基极与发射极之间并联一只电阻器。

图 2-31　电路图中三极管的符号

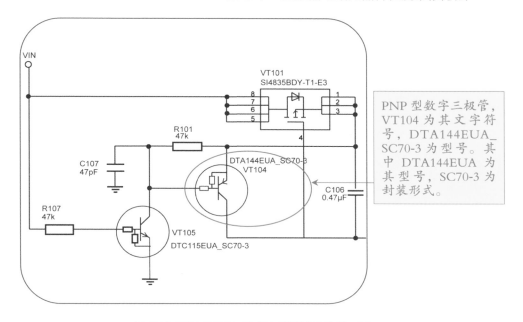

图 2-31 电路图中三极管的符号（续）

2.6.3 用指针万用表检测三极管极性的方法

将指针万用表调到欧姆挡的 R×100 挡。黑表笔接三极管其中一只引脚，用红表笔分别去接另外两只引脚。观察指针偏转，如果两次测得的指针偏转位置相近，证明该三极管为 NPN 型，且黑表笔接所的电极就是基极（B 极）。

将红表笔接在三极管其中一只引脚上，用黑表笔分别去接另外两只引脚。观察指针偏转，如果两次测得的指针偏转位置相近，证明该三极管为 PNP 型，且红表笔接所的电极就是基极（B 极）。

接下来用指针万用表 R×10k 挡判定三极管的集电极与发射极。首先对 NPN 型三极管进行检测。将红、黑表笔分别接在基极之外的两只引脚上，同时将基极引脚与黑表笔相接触，记录指针偏转。交换两表笔再重测一次，并记录指针偏转。对比这两次的测量结果，指针偏转大的那次，红表笔所接的是三极管发射极，黑表笔所接的是集电极。

对于 PNP 型三极管，将红、黑表笔分别接在基极之外的两只引脚上，同时将基极引脚与红表笔相接触，记录指针偏转。交换两表笔再重测一次，并记录指针偏转。对比这两次的测量结果，指针偏转大的那次，红表笔所接的是三极管集电极，黑表笔所接的是发射极。

2.6.4　三极管检测方法

　　本小节中，我们通过测量三极管各引脚间的电阻值来判断三极管好坏，具体如图 2-32 所示。

（1）利用三极管内 PN 结的单向导电性，检查各极间 PN 结的正反向电阻值，如果阻值相差较大，说明三极管是好的，如果正反向电阻值都大，说明三极管内部有断路或者 PN 结性能不好。如果正反向电阻都小，说明三极管极间短路或者被击穿了。

（2）测量 PNP 小功率锗管时，将指针万用表调到 R×100 挡，红表笔接集电极，黑表笔接发射极，相当于测量三极管集电结承受反向电压时的阻值，高频管读数应在 50kΩ 以上，低频管读数应在几千欧姆到几十千欧姆范围内，测量 NPN 锗管时，表笔极性相反。

（3）测量 NPN 小功率硅管时，将指针万用表调到 R×1k 挡，黑表笔接集电极，红表笔接发射极。由于硅管的穿透电流很小，阻值应在几百千欧姆以上，一般表针不动或者微动。

（4）测量大功率三极管时，由于 PN 结大，一般穿透电流值较大，用指针万用表 R×10 挡测量集电极与发射极间的反向电阻，数值应在几百欧姆以上。

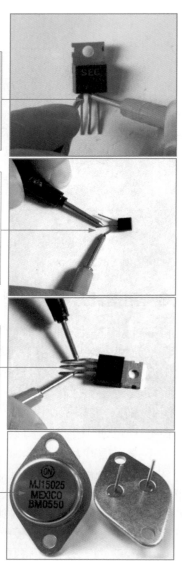

图 2-32　三极管检测方法

常用场效应晶体管及其检测方法

场效应晶体管简称场效应管，是一种通过控制输入回路的电场效应（电压）来控制输出回路电流的半导体元器件，带有 PN 结。

2.7.1　常用场效应管有哪些

场效应管可划分为两大类：一类是结型场效应管（JFET），另一类是绝缘栅型场效应管（MOS 管）。按沟道材料型和绝缘栅型各分为 N 沟道和 P 沟道两种；按导电方式分为耗尽型与增强型两种，其中结型场效应管均为耗尽型，绝缘栅型场效应管既有耗尽型的，也有增强型的，如图 2-33 所示。

结型场效应管是在一块 N 型（或 P 型）半导体棒两侧各做一个 P 型区（或 N 型区），就形成两个 PN 结。把两个 P 区（或 N 区）并联在一起，引出一个电极，称为栅极（G），在 N 型（或 P 型）半导体棒的两端各引出一个电极，分别称为源极（S）和漏极（D）。夹在两个 PN 结中间的 N 区（或 P 区）是电流的通道，称为沟道。

绝缘栅型场效应管以一块 P 型薄硅片作为衬底，在它上面做两个 N 型区，分别作为源极 S 和漏极 D。在硅片表面覆盖一层绝缘物，然后再用金属铝引出一个电极 G（栅极）。

图 2-33　场效应管种类

2.7.2 认识场效应管的符号很重要

维修电路时，通常需要参考电气设备的电路原理图来查找问题，下面识别电路图中的场效应管。场效应管用字母 VT 表示。表 2-7 所示为常见场效应管的电路图形符号，图 2-34 所示为电路图中的场效应管。

表 2-7 常见场效应管的电路图形符号

增强型 N 沟道管	耗尽型 N 沟道管	增强型 P 沟道管	耗尽型 P 沟道管

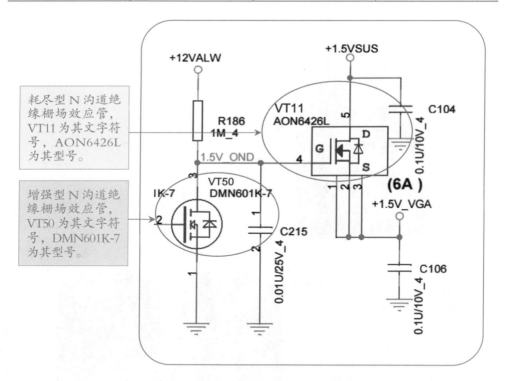

图 2-34 电路图中的场效应管

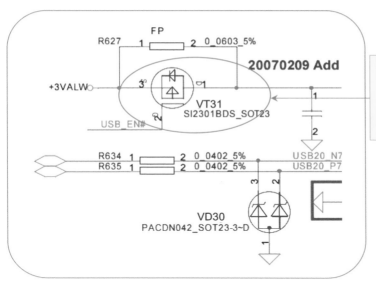

耗尽型 P 沟道场效
应管，VT31 为其文
字符号，SI2301BDS
为其型号，SCT23
为封装形式。

图 2-34　电路图中的场效应管（续）

2.7.3　用数字万用表检测场效应管的方法

用数字万用表检测场效应管的方法如图 2-35 所示。

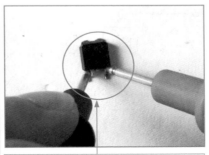

将数字万用表拨到二极管挡（蜂
鸣挡）。先将场效应管的三只
引脚短接放电，然后用两支表
笔分别接触场效应管三只引脚
中的两只，测得三组数据。

图 2-35　用数字万用表检测场效应管的方法

测量分析：如果其中两组数据为 1（无穷大），另一组数据在300~800 之间，说明场效应管正常；如果其中有一组数据为 0，则场效应管已被击穿。

2.8 常用晶闸管及其检测方法

晶闸管也称为可控硅整流器，它能在高电压、大电流条件下正常工作，且其工作过程可以控制，被广泛应用于可控整流、无触点电子开关、交流调压、逆变及变频等电子电路中，是典型的小电流控制大电流的设备。图 2-36 所示为晶闸管的结构。

（1）晶闸管由 PNPN 四层半导体结构组成，分为阳极（用 A 表示）、阴极（用 K 表示）和控制极（用 G 表示）三个极。

（2）如果仅在阳极和阴极间加电压，晶闸管是无法导通的。因为晶闸管中至少有一个 PN 结总是处于反向偏置状态。如果在晶闸管阳极接正电压，阴极接负电压，同时在控制极再加相对于阴极而言的正向电压（足以使晶闸管内部的反向偏置 PN 结导通），晶闸管就导通了（PN 结导通后就不再受极性限制）。导通后撤去控制极电压，晶闸管仍可保持导通的状态。如果此时想使导通的晶闸管截止，只有使其电流降到某个值以下或将阳极与阴极间的电压减小到零。

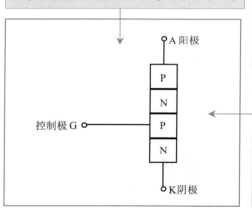

图 2-36 晶闸管的结构与工作原理

2.8.1 常用晶闸管有哪些

电路中常用的晶闸管有单向晶闸管和双向日闸管两种，具体如图 2-37所示。

单向晶闸管（SCR）是由 P-N-P-N 4 层 3 个 PN 结组成的。单向晶闸管被广泛应用于可控整流、逆变器、交流调压和开关电源等电路中。在单向晶闸管阳极、阴极两端加上正向电压，同时给控制极加上合适的触发电压，晶闸管便会导通。

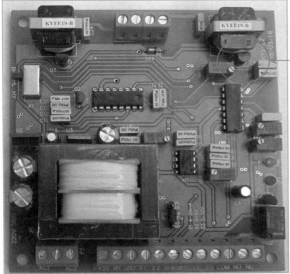

双向晶闸管是由 N-P-N-P-N 5 层半导体组成的，相当于两个反向并联的单向晶闸管。双向晶闸管有三个电极，它们分别为第一电极 T1、第二电极 T2 和控制极 G。无论是第一电极 T1 还是第二电极 T2 间加上正向电压，只要控制极 G 加上与 T1 相反的触发电压，双向晶闸管就可被导通。与单向晶闸管不同的是，双向晶闸管能够控制交流电负载。

图 2-37 电路中常用的晶闸管

2.8.2 认识晶闸管的符号很重要

晶闸管是电子电路中最常用的电子元器件之一，用字母 VS 加数字表示。在电路图中晶闸管的电路图形符号如图 2-38 所示。

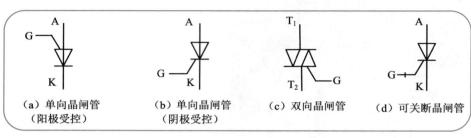

（a）单向晶闸管
（阳极受控）

（b）单向晶闸管
（阴极受控）

（c）双向晶闸管

（d）可关断晶闸管

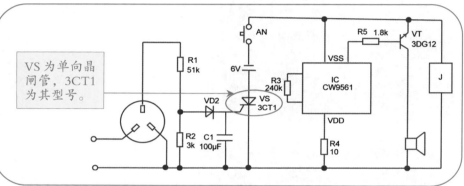

VS 为单向晶闸管，3CT1 为其型号。

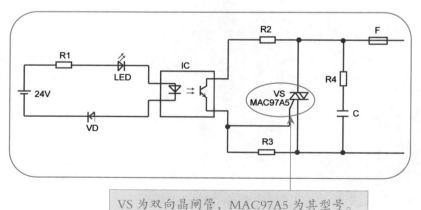

VS 为双向晶闸管，MAC97A5 为其型号。

图 2-38　晶闸管的电路图形符号

2.8.3 晶闸管的检测方法

1. 识别单向晶闸管引脚的极性

选择指针万用表的 R×1 挡，依次测量晶闸管任意两引脚间电阻值，如图 2-39 所示。

当指针发生偏转时，黑表笔接的就是单向晶闸管控制极 G，红表笔所接的是单向晶闸管的阴极 K，余下那只引脚便是单向晶闸管的阳极 A。

图 2-39 识别晶闸管极性

2. 单向晶闸绝缘性检测方法

将指针式万用表调到欧姆挡的 R×1 挡。分别检测单向晶闸管阴极与阳极、控制极与阳极、控制极与阴极之间的正反向电阻值。除控制极与阴极之间的正向电阻值较小外，其余阻值均应趋于无穷大；否则说明单向晶闸管已损坏，不能继续使用。

3. 单向晶闸管触发电压的检测方法

将指针式万用表调到欧姆挡的 R×1 挡，黑表笔接单向晶闸管的阳极，红表笔接阴极，此时指针应无变化。将黑表笔与控制极短接，然后离开可测得阴极与阳极之间有一个较小的阻值。

提示：如果控制极与阴极之间的正、反向电阻值均接近于 0，说明单向晶闸管的控制极与阴极之间已发生短路；如果控制极与阴极之间的正、反向电阻值均趋于无穷大，说明单向晶闸管的控制极与阴极之间发生开路；如果控制极与阴极之间的正、反向电阻相等或接近，说明单向晶闸管的控制极与阴极之间的 PN 结已失去单向导电性。

4. 识别双向晶闸管引脚的极性

选择指针万用表的 R×1 挡，依次测量晶闸管任意两引脚间电阻值，测量结果中，会有两组读数为无穷大，一组读数为数十欧姆。其中，读数为数十欧姆的一次测量中,红、黑表笔所接的两引脚可确定一极为 T1,一极为 G (但具体还不清楚),另一空脚为第二电极 T2。

确定第二电极 T2 后,测量 T1、G 间正反向电阻值,其中读数相对较小的那次测量中,黑表笔所接的引脚为第一阳极 T1,红表笔所接引脚为控制极 G。

5. 双向晶闸管绝缘性检测方法

将指针万用表调到欧姆挡的 R×1 挡,分别检测双向晶闸管 T1 与 T2、G 与 T2 之间的正反向电阻。检测结果均应为无穷大,否则双向晶闸管已不能正常使用。

6. 双向晶闸管触发电压的检测方法

将指针万用表调到欧姆挡的 R×1 挡,黑表笔接双向晶闸管的 T1 极,红表笔接 T2 极,此时指针应无变化。将红表笔与控制极 G 短接,然后离开,可测得 T1 与 T2 之间有数十欧姆的阻值。

交换红、黑表笔再次测量,此时指针应无变化。将黑表笔与控制极 G 短接,然后离开可测得 T1 与 T2 之间有数十欧姆的阻值。

 ## 常用变压器及其检测方法

变压器是利用电磁感应的原理来改变交流电压的装置,它可以把一种电压的交流电能转换成相同频率的另一种电压的交流电。变压器主要由初级线圈、次级线圈和铁芯(磁芯)组成。

2.9.1　常用变压器有哪些

变压器是电路中常见的元器件之一,广泛应用于电源电路中。常用变压器有开关电源变压器、升压变压器和音频变压器,具体图 2-40 所示。

2.9.2　认识变压器的符号很重要

维修电路时,通常需要参考电气设备的电路原理图来查找问题,下面识别电路图中的变压器。变压器用字母 T 表示。表 2-8 所示为常见变压器的电路图形符号,图 2-41 所示为电路图中的变压器。

开关电源变压器是小型电器设备的电源中常用的元件之一，它可以实现功率传送、电压变换和绝缘隔离。当交流电流流于其中一组线圈时，于另一组线圈中将感应出具有相同频率的交流电压。

升压变压器用来把低数值的交变电压变换为同频率的较高数值交变电压。升压变压器在高频领域应用较广，如递变电源等。

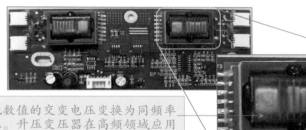

音频变压器又称低频变压器。工作频率范围为 10 ~ 20 000Hz。音频变压器可以像电源变压器那样实现电压器转换，也可以实现音频信号耦合。

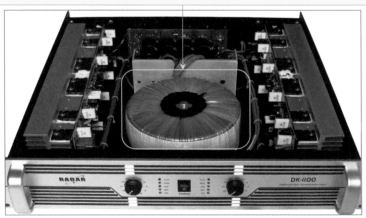

图 2-40　电路中的变压器

表2-8 常见变压器的电路图形符号

单二次绕组变压器	多次绕组变压器	二次绕组带中心轴头变压器

变压器中间的虚线表示变压器初级线圈和次级线圈之间设有屏蔽层。该变压器的初级线圈有两组线圈，可以输入两种交流电压，次级线圈有3组线圈，并且其中两组线圈中间还有抽头，可以输出5种电压。

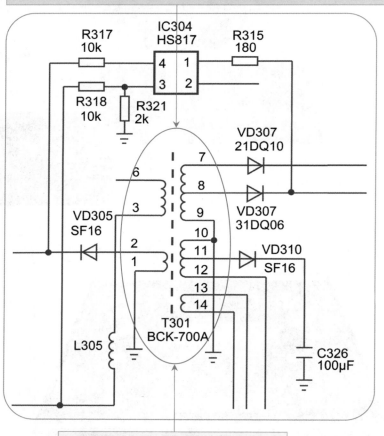

多次绕组变压器，T301为其文字符号，BCK-700A为其型号。

图2-41 电路图中的变压器

该变压器的初级线圈有两组线圈，可以输入两种电压，次级线圈有一组线圈，可以输出一组电压。

电源变压器，T1 为其文字符号，TRANS66 为其型号。实线表示变压器中心带铁芯。

多次绕组变压器，其初级线圈有一组线圈，次级线圈有两组线圈，可以输出两种电压。

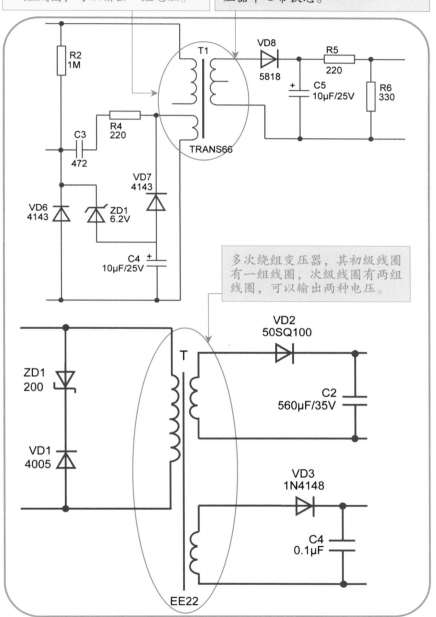

图 2-41　电路图中的变压器（续）

2.9.3　通过观察法检测变压器

通过观察法检测变压器的方法如图 2-42 所示。

（1）首先检查变压器外表是否有破损，观察线圈引线是否断裂、脱焊，绝缘材料是否有烧焦痕迹，铁芯紧固螺杆是否松动，硅钢片有无锈蚀，绕组线圈是否外露等。如果有上述这些现象，说明变压器有故障。

（2）空载加电后几十秒之内用手触摸变压器的铁芯，如果烫手，则说明变压器有短路点存在。

图 2-42　通过观察法来检测变压器的方法

2.9.4　通过测量绝缘性判断变压器好坏

变压器的绝缘性测试是判断变压器好坏的一种好的方法。通过测量绝缘性检测变压器的方法如图 2-43 所示。

测试绝缘性时，将指针万用表的挡位调到 R×10k 挡。然后分别测量铁芯与初级线圈、初级线圈与各次级线圈、铁芯与各次级线圈、静电屏蔽层与初次级线圈、次级线圈各绕组间的电阻值。如果指针均指在无穷大位置不动，说明变压器正常。否则，说明变压器绝缘性能不良。

图 2-43　通过测量绝缘性检测变压器的方法

2.9.5　通过检测线圈通/断判断变压器好坏

如果变压器内部线圈发生断路，变压器就会损坏。通过检测线圈通/断检测变压器的方法如图 2-44 所示。

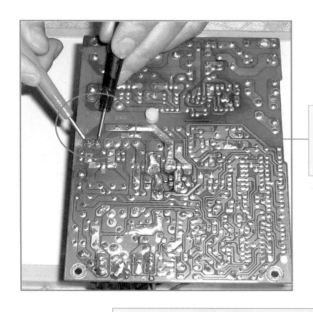

检测时，将指针万用表调到 R×1 挡进行测量。如果测量某个绕组的电阻值为无穷大，则说明此绕组有断路性故障。

图 2-44　通过检测线圈通 / 断检测变压器的方法

 2.10　常用继电器及其检测方法

继电器是自动控制中常用的电子元器件，它在自动控制电路中起控制与隔离作用，实际上是一种可以用低电压、小电流来控制大电流、高电压的自动开关。

2.10.1　常用继电器有哪些

继电器是一种电子控制器件，它具有控制电路的功能。常用继电器主要有电磁继电器、固态继电器、热继电器、时间继电器等，具体如图 2-45 所示。

电磁继电器是由控制电流通过线圈所产生的电磁吸力驱动磁路中的可动部分而实现触点开、闭或转换功能的继电器。

固态继电器是一种能够像电磁继电器一样执行开、闭线路的功能，且其输入和输出的绝缘程度与电磁继电器相当的全固态器件。

利用热效应而动作的继电器为热继电器。热继电器又包括温度继电器和电热式继电器。其中，当外界温度达到规定要求时而动作的继电器为温度继电器；而利用控制电路内的电能转变成热能，当达到规定要求时而动作的继电器为电热式继电器。

当加上或除去输入信号时，输出部分需延时或限时到规定的时间才闭合或断开其被控线路的继电器为时间继电器。时间继电器通常用作延时元件，它按预定的时间接通或分断电路。在自动程序控制系统中起时间控制作用。

图 2-45　常用的继电器

2.10.2　认识继电器的符号很重要

　　继电器在电路中常用字母 K、KT、KA 等加数字表示，而不同继电器在电路中有不同的图形符号。图 2-46 所示为继电器的图形符号。

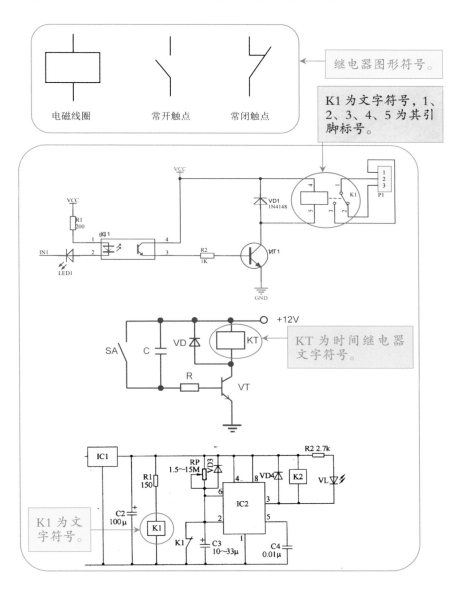

图 2-46　继电器的图形符号

2.10.3 检测继电器的方法

测量继电器的方法如图 2-47 所示。

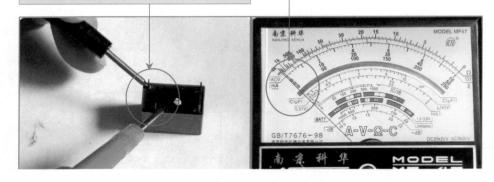

将指针万用表的挡位调到 R×1 挡，然后将两表笔分别接到固态继电器的输入端和输出端引脚上，测量其正、反向电阻值的大小。

图 2-47　测量继电器

测量分析：如果继电器的输入端正向电阻为一个固定值，反向电阻为无穷大，而且输出端的正、反向电阻均为无穷大，则可以判断此继电器正常。如果反向电阻为 0，则继电器线圈短路损坏；如果输出端阻值为 0，说明继电器触点有短路故障。

第**3**章
看图维修变频器主电路

变频器主电路主要用于调节交流电的频率，即将交流转变为直流再转变为一定频率的交流电。变频器的主电路是很重要的电路，故障率也较高。本章将重点讲解变频器主电路的工作原理及维修方法。

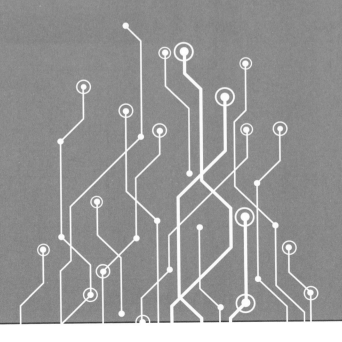

3.1 看图识变频器主电路及电路图

变频器主电路是把 220V/380V 交流电整流为直流电，然后再将直流电逆变为所需频率的交流电输出，这样可以起到降低功耗、减小损耗、延长设备使用寿命等作用。本节将认识变频器主电路，然后讲解主电路的组成结构。

变频器主电路基本由整流电路、中间电路、逆变电路三大部分组成。图 3-1 所示为变频器主电路和电路图。

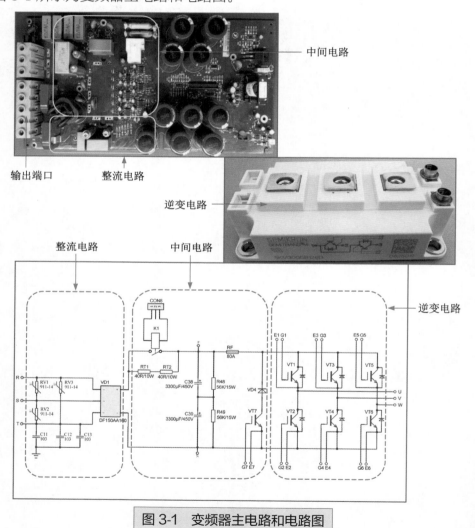

图 3-1　变频器主电路和电路图

3.2　变频器主电路结构及工作原理

变频器主电路的结构由"交流—直流—交流"的工作方式所决定，主要由整流、储能（滤波）、逆变三个环节构成。本节将详细讲解变频器主电路的结构和工作原理。

3.2.1　变频器主电路的结构

变频器主电路是把频率为 50Hz 的交流电转变为频率为 30 ～ 130Hz 的交流电，为电动机等负载提供工作电压。变频器的主电路具体包括整流电路、中间直流滤波电路、制动电路、逆变电路等电路，如图 3-2 和图 3-3 所示为变频器主电路的结构框图和主电路原理图。

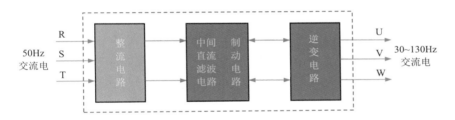

图 3-2　变频器组成结构

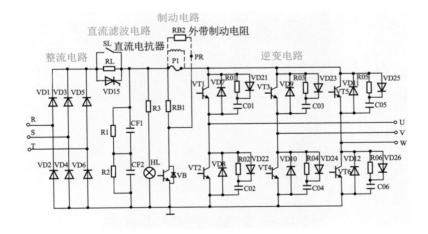

图 3-3　变频器主电路原理图

图 3-4 所示为变频器主电路各组成电路的功能详解。

整流电路：在通用变频器中，三相变频器一般采用二极管三相桥式整流电路（单相变频器一般采用二极管单相桥式整流电路）把交流电压变为直流电压，为逆变电路提供所需的直流电源。

中间直流滤波电路：经过整流后的直流电含有不需要的杂波，会影响直流电的质量。为了减少这种杂波，需要用滤波电路进行滤波处理。中间直流滤波电路通常采用大电容滤波，由于受到电解电容器的电容量和耐压能力的限制，滤波电路通常由多个电容器并联成一组电容器组，再由两组电容器组串联组成，并在两组电容器组的电容器上各并联一个均压电阻器，使两组电容器的电容电压相等。

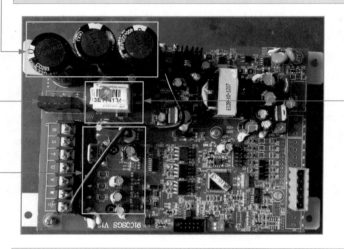

制动电路：当负载电动机的转速大于变频器的输出转速时，此时电动机由"电动"状态进入"动电"状态，电动机暂时变成了发电机，向供电电源回馈能量。此再生能量由变频器的逆变电路所并联的二极管整流，馈入变频器的直流回路，使直流回路的电压由 530V 左右上升到六七百伏，甚至更高。尤其在大惯性负载需减速停车的过程中，更是频繁发生。这种急剧上升的电压，有可能对变频器主电路的储能电容器和逆变模块造成较大的冲击。因而在变频器中加入了制动电路，将再生回馈电能转换为热能消耗掉。

逆变电路：逆变电路将直流电路输出的直流电源转换成频率和电压都可以任意调节的交流电源。逆变电路的输出就是变频器的输出，所以逆变电路是变频器的核心电路之一，起着非常重要的作用。

图 3-4 主电路各组成电路的功能详解

3.2.2　主电路中整流电路的工作原理

　　整流电路在变频器中的作用主要是将220V/380V交流电转变为直流电，为逆变器和二次开关电源供电。

　　变频器中的整流电路包括单相整流电路和三相整流电路两种。

　　1. 单相整流电路

　　单相整流电路一般采用四只二极管的桥式整流电路（少部分采用变压器加一只或两只二极管组成的整流电路）。图3-5所示为四只二极管组成的单相桥式整流电路。

　　（1）单相桥式整流电路主要负责将经过滤波后的220V交流电进行全波整流，转变为直流电压，然后再经过滤波后将电压变为市电电压的$\sqrt{2}$倍，即310V直流电压。

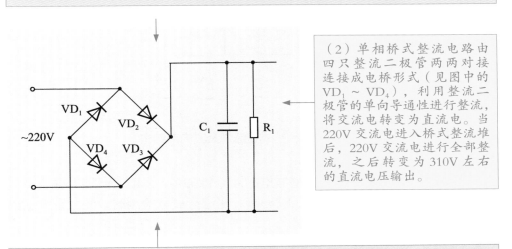

　　（2）单相桥式整流电路由四只整流二极管两两对接连接成电桥形式（见图中的$VD_1 \sim VD_4$），利用整流二极管的单向导通性进行整流，将交流电转变为直流电。当220V交流电进入桥式整流堆后，220V交流电进行全部整流，之后转变为310V左右的直流电压输出。

　　（3）单相桥式整流电路中，每个整流二极管上流过的电流是负载电流的一半，当在交流电源的正半周时，整流二极管VD_2和VD_4导通，VD_1和VD_3截止，输出正的半波整流电压；当在负半周时，VD_1和VD_3导通，VD_2和VD_4截止，由于VD_1和VD_3两只管是反接的，所以输出还是正的半波整流电压。

图3-5　四只二极管组成的单相桥式整流电路

　　有的变频器使用单相桥式整流堆进行整流，单相桥式整流堆实际就是将四只二极管集成在一个集成电路中。图3-6所示为单相桥式整流堆及其内部结构。

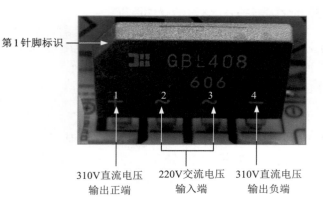

第1针脚标识

310V直流电压
输出正端

220V交流电压
输入端

310V直流电压
输出负端

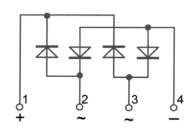

1   2   3   4
+   ~   ~   −

图 3-6   单相桥式整流堆及其内部结构

由图 3-6 可以看到，桥式整流堆的 4 个针脚中，2 和 3 针脚为交流电压输入端，1 和 4 针脚为直流电压输出端。在进行故障检测时，测量直流输出电压，应测量两侧的正端和负端。

2. 三相整流电路

变频器三相整流电路主要由三种方式组成：一是由六只二极管组成，二是由三相整流堆组成，三是由六只晶闸管组成。

（1）由六只二极管组成的整流电路

六只二极管中每两只二极管为一对，共三对。三相整流电路主要用于中 / 大功率变频器电路。图 3-7 所示为由六只二极管组成的三相桥式整流电路。

（1）三相桥式整流电路主要负责将经过滤波后的 380V 交流电进行全波整流，转变为直流电压，然后再经过滤波后将电压变为 380V 电压的 $\sqrt{2}$ 倍，即 530V 直流电压。

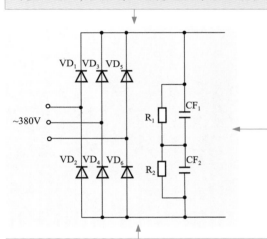

（2）三相桥式整流电路由六只整流二极管两两对接连接成电桥形式（见图中的 VD$_1$ ~ VD$_6$），利用整流二极管的单向导通性进行整流，将交流电转变为直流电。当 380V 交流电进入桥式整流堆后，380V 交流电进行全部整流，之后转变为 530V 左右的直流电压输出。

（3）三相桥式整流电路中，每个整流二极管上流过的电流是负载电流的一半，当在交流电源的正半周时，整流二极管 VD$_1$、VD$_3$、VD$_5$ 导通，VD$_2$、VD$_4$、VD$_6$ 截止，输出正的半波整流电压；当在负半周时，VD$_2$、VD$_4$、VD$_6$ 导通，VD$_1$、VD$_3$、VD$_5$ 截止，由于 VD$_2$、VD$_4$、VD$_6$ 这三只管是反接的，所以输出还是正的半波整流电压。

图 3-7 六只二极管组成的三相桥式整流电路

（2）由整流堆组成的整流电路

有的变频器使用三相桥式整流堆进行整流，三相桥式整流堆实际就是将六只二极管集成在一个集成电路中，图 3-8 所示为三相桥式整流堆及其内部结构。

三相 380V 电压输入端

537V 直流电压输出正端

537V 直流电压输出负端

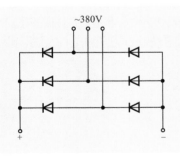

图 3-8 三相桥式整流堆及其内部结构

（3）由六只晶闸管组成的整流电路

采用六只晶闸管组成的可控整流电路如图 3-9 所示。

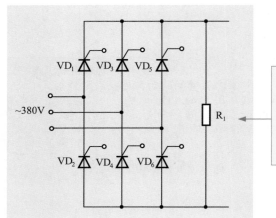

六只晶闸管组成的三相可控整流电路，一般用开机信号来控制电路的工作。在需要电气设备工作时，开机瞬间脉冲信号到来时，整流电路的晶闸管开始工作，将三相 380V 交流电整流为 530V 直流电压。

图 3-9　由六只晶闸管组成的整流电路

3.2.3　主电路中中间电路的工作原理

中间电路主要指变压器主电路中整流电路与逆变电路之间的电路，它主要由直流滤波电路和制动电路组成。

1. 直流滤波电路工作原理

由于整流电路中的整流二极管存在结电容效应，所以整流后的直流电压与电流中有部分交流的脉动电流，会造成逆变电路及二次开关电源电路工作不稳定。直流滤波电路的作用是过滤电路中无用的交流电，使直流电波形变得纯净、平滑，同时还会保护整流电路中的整流二极管。

直流滤波电路的工作原理如图 3-10 所示。

（1）三相交流电 R/S/T 经过整流电路整流后，送入充电电阻器 RL 中，RL 的作用是限流，用来保护电路中的整流二极管。由于电流流入电容器 CF_1 和 CF_2 的瞬间，电容器相当于短路，电路中的电流会忽然变得非常大，当非常大的电流流过整流电路中的整流二极管时，会击穿整流二极管。

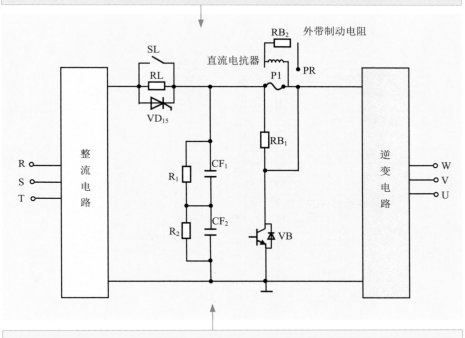

（2）由于经过充电限流电阻器 RL 限流后，会降低电路的输出功率，因此经过一段时间电流趋于稳定后，晶闸管或继电器的触点会导通，开关 SL 接通，此时电流绕过充电电阻器 RL，直接从 SL 流过。

（3）经过整流后的直流电压加在滤波电容器 CF_1、CF_2 上，会输出纯净的直流电（约 530V）。这两个电容器可以过滤电源中没用的交流杂波，将直流电波形变得纯净、平滑。由于一个电容器的耐压有限，所以把两个电容器串起来用，耐压就提高了一倍。又因为两个电容器的容量不一样，分压会不同，所以给两个电容器分别并联一个均压电阻器 R_1、R_2，这样，CF_1 和 CF_2 上的电压就一样了。

图 3-10　中间电路的工作原理

2. 制动电路工作原理

在小功率伺服驱动器中，制动单元（包括制动 IGBT、二极管等）往往集成于 IPM 模块或 IGBT 模块内，然后从直流回路引出 P 或 PB、N 端子，由用户根据负载运行情况选配制动电阻器。但较大功率的伺服驱动器则一般由用户根据负载运行情况选配制动单元和制动电阻器，然后接在 P 或 B、N 端子。

伺服驱动器的制动电路原理如图 3-11 所示。图中，制动电阻器外接在 P 和 PB 端子之间，电路中 IC1 为处理器（CPU），IC3（2501）为集成电路型光耦合器，用来驱动制动 IGBT 管（VT18），电路中电阻器 R117 作用是防止 IGBT 自击损坏。

（1）制动电阻器接在 P 和 PB 之间，当母线电压检测电路检测到电压升高并反馈给 CPU（IC1）时，CPU 会通过第 25 引脚输出低电平的制动控制信号，此制动控制信号使光耦合器 IC3（2501）的第 2 引脚变为低电平，此时 +5V 电压经过电阻器 R7、IC3 光耦合器的第 1 引脚流入芯片内部的发光二极管，使其发光，接着 IC6 光耦合器内部的光敏三极管导通，V+ 电压经过光耦合器内部的光敏三极管后接到三极管 VT1 的基极，使其导通。然后 V+ 电压经过 VT1 后，经电阻器 R10 加到 IGBT 管 VT18 的 G 极，使其导通。

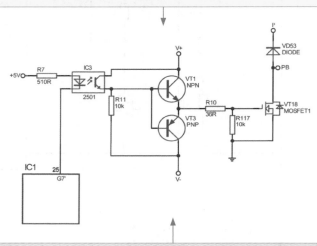

（2）当 VT1 导通后，P 和 PB 之间连接的制动电阻器就会被接通，这时就会将母线中的多余的高压通过制动电阻释放掉。（制动电阻器会将电能转换成热能）。

PB 端子和 "–" 端子用来外接制动单元

接线端子

图 3-11　制动电路的工作原理

图 3-11 中，制动 IGBT 的控制信号一般有以下两个来源：

（1）由 CPU 根据直流回路电压检测信号发送制动动作指令，经普通光耦合器或驱动光耦合器控制制动开关管的通 / 断。制动指令为脉冲信号，也可为直流电压信号。

（2）由直流回路电压检测电路处理成直流开关量信号，直接控制光耦合器，进而控制制动开关管的开通和断开。

3.2.4　主电路中逆变电路的工作原理

与整流电路相反，逆变电路是将直流电压变换为所需频率的交流电压，根据驱动电路发送的信号控制相应的 IGBT 变频管导通和关断，从而可以在输出端 U、V、W 三相上得到相位相差 120° 的三相交流电压。

逆变电路主要由 $VT_1 \sim VT_6$ 六只大功率晶体管（也称变频管），以及晶体管周边的二极管、电容器、电阻器等组成，每个晶体管及周边二极管等元件组成的电路称为 IGBT。如果把 6 只 IGBT 集成在一起就称为 IGBT 模块，如图 3-12 所示。

变频器中的 IGBT 模块，内部集成逆变电路的主要元器件

IGBT 模块中的晶体管和二极管等元器件

IGBT 模块内部结构

图 3-12　IGBT 模块

逆变电路由整流滤波电路输出的直流电压作为供电电压，每个 IGBT 变频管都由专门的驱动电路来驱动。而驱动电路又由处理器（CPU）发出的 PWM 控制信号控制。如图 3-13 所示为逆变电路工作原理。

（1）逆变电路工作时，由 CPU 送来的六路 PWM 控制信号，控制 IPM 模块内部的驱动电路输出驱动信号（G1~G6），驱动六只 IGBT 变频管（VT$_1$~VT$_6$）轮流导通和截止，将高压直流电压转变为一定频率的交流电压（U、V、W）输出。

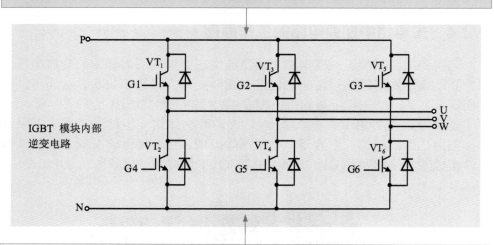

（2）逆变电路工作时，VT$_1$ 与 VT$_4$ 为第一相工作，VT$_3$ 与 VT$_6$ 为第二相工作，VT$_5$ 与 VT$_2$ 为第三相工作，三相交替工作，将直流电压转变为交流电压。比如当 IGBT 变频管 VT$_1$ 和 VT$_4$ 同时导通时（其他变频管截止），P 电压（310V 或 537V）通过 IGBT 管 VT$_1$ 后从 U 端子进入电动机的的线圈，然后从 V 端子出来，再经过 IGBT 变频管 VT$_4$ 后形成回路。这样电动机的线圈中就会有电流流过产生磁场以驱动电动机的转子旋转。就这样不断地导通不同的 IGBT 变频管，就可以驱动电动机的转子一直旋转。

图 3-13　逆变电路电路工作原理

当需要改变电动机的转速时，可以通过调节处理器输出的 PWM 控制信号的占空比来实现。对于直流电动机则通过调节 PWM 控制信号来调节加到直流电动机两端的直流电压，当 PWM 脉冲占空比达到最大时，加到电动机两端电压最大，电机转速最高，反之亦然。

3.3　变频器主电路维修方法

　　变频器主电路中好多元器件功率大，发热量大，而且工作在高电压、大电流的环境下，特别容易出现损坏。变频器主电路一旦出现故障，就会导致变频器输出电压为 0 或不正常，影响正常的工作。本节将重点讲解变频器主电路中各个单元电路故障的维修方法。

3.3.1　整流电路故障维修方法

1.　整流电路故障分析判断方法

　　主电路中的整流电路出现故障时，一般表现为变频器输入电路出现了三相不平衡、缺相（三相电压缺一相或均为 0）、欠电压报警跳闸，导致变频器不能正常工作。

　　（1）当变频器出现故障后，首先检测交流输入电路是否正常，一般交流输入电路会出现三相不平衡、三相电压缺一相、三相电压均为 0 等故障现象。通过图 3-14 所示的方法进行检测判断。

测量时用万用表交流电压挡测量变频器的三相交流输入电压是否正常，如果三相电压不平衡，则重点检查电气设备中的空气开关、交流接触器、过热保护器等设备有无触点接触不良故障；如果电气设备都正常，则故障可能是整流电路故障引起的。

图 3-14　整流电路故障分析

（2）如果变频器通电后，电气设备中的交流接触器与空气开关立即断开，说明整流电路中有严重的短路故障。检测方法如图 3-15 所示。

重点检查变频器散热不良故障，以及主电路中整流电路之后的负载是否有严重短路过流的故障。

图 3-15　检查变频器短路故障

（3）如果变频器通电后交流某一相电压低，但是交流输入电路电气设备中的电气元件均正常，则故障可能是整流电路中整流二极管或整流堆引起的。检测方法如图 3-16 所示。

重点检查整流电路中各个整流二极管的内阻（或整流堆内部各整流二极管的内阻），通常内阻减小会引起此故障。

图 3-16　检查整流电路元器件故障

（4）如果变频器通电后烧坏变频器电路中的熔断器，则可能是整流电路的元器件有短路。检测方法如图 3-17 所示。

用数字万用表的电阻最小挡位测量整流电路中的的内阻值，如果阻值很小或为 0，则整流二极管或整流堆被击穿。

图 3-17 检测整流二极管的内阻值

（5）如果变频器通电工作一段时间后电气设备中的空气开关自动跳闸，检查配电柜中各种电气元件都良好，但停机一段时间后，重新启动变频器，又恢复工作。故障原因可能是整流电路元器件工作性能不良而引起的过热保护，重点检测整流电路中的元器件性能。

2. 整流电路故障维修方法

测量主电路中整流电路时，先将变频器通电，然后用数字万用表测量直流母线接线柱 P（＋）端子和 N（－）端子的电压是否正常。如果直流电压正常，说明整流电路工作正常。测量时测量两次，一次带负载测量，另一次空载测量。主电路中的整流电路故障维修方法如图 3-18 所示。

测出的母线直流电压

（1）将万用表挡位调到直流电压 750V 挡，然后将红表笔接 P（＋）端子，黑表笔接 N（－）端子测量母线电压。正常应为 530V 左右，如果电压为 0 或很低，或为无穷大，则整流电路工作不正常。
（2）如果空载测量电压正常，带负载时测量的电压明显下降（低于 450V），说明整流电路有问题，检测整流电路中的整流二极管是否性能下降。
（3）如果空载时测量的电压较低，而负载电动机不转，电压下降到十几伏，则可能是继电器（接触器）损坏。如果直流母线无电压，则充电电阻器可能出现断路故障。

图 3-18 测量母线直流电压

3.3.2 中间电路故障维修方法

在变频器主电路的中间电路中，重要的元器件主要包括充电电阻器、充电继电器或接触器、滤波电容器、制动开关管和制动电阻器等，在维修中间电路时需要对这些关键元器件进行测量，下面重点讲解中间电路故障的维修方法。

1. 中间电路中充电限流电阻器故障分析维修方法

充电限流电阻器最常见的故障是开路损坏。由于充电限流电阻器在短时间内承受大电流的冲击，使用时间长了容易被烧断。另外，如果充电继电器或充电接触器触点接触不良或控制电路不良时，充电限流电阻器要承受启动和运行电流，会因为过热而损坏。充电限流电阻器常见的故障分析如图 3-19 所示。

正常的变频器在开机上电时，会听见继电器或接触器吸合的声音，通常为"啪哒"或"咣"的一声，如果没有声音，则需要检查继电器或接触器触点不闭合，以及控制电路故障。注意：有些故障变频器虽然上电时能听到继电器或接触器的吸合声，但触点因烧灼、氧化、油污等原因易接触不良，会造成烧坏充电限流电阻器的情况。

图 3-19　充电限流电阻器常见的故障分析

在检测维修充电限流电阻器时，根据电阻器的容量选择万用表相应的欧姆挡位，然后直接测量充电限流电阻器的阻值是否正常，如图 3-20 所示。

充电限流电阻器

（1）一般充电电阻器的容量为几千欧，可以用欧姆挡的 R×40k 挡量程测量。

（2）测量后，如果充电阻值变小或为无穷大，说明充电电阻器损坏，直接更换同型号的充电限流电阻器。

图 3-20　充电限流电阻器的检测方法

2．滤波电路中滤波电容器故障分析维修方法

在滤波电路中最容易出现的故障是滤波电容器，滤波电容器常见的故障分析如图 3-21 所示。

（1）滤波电容器一般容易出现漏液、漏电、击穿、鼓顶或封皮破裂、容量变小等故障。滤波电容器的这些故障可使滤波后直流电压降低，严重时使主电路的保护电路动作，或通电烧坏熔断器，或电气设备中的空气开关断开。
（2）滤波后的直流电压降低后会使逆变电路与二次开关电源电路的工作电压达不到标准值而不能正常工作。

图 3-21　滤波电容器常见的故障分析

在检测滤波电容器时先切断变频器的供电，然后将滤波电容器进行放电（可以将储能电容器两只引脚间连接一只大容量电阻器，或直接短路电容器两只引脚进行放电），最后用数字万用表欧姆挡测量滤波电容器的充、放电特性，判别是否漏电或击穿，如图 3-22 所示。

滤波电容器

（1）首先用数字万用表的蜂鸣挡在路测量。
（2）先对电容器进行放电，然后将万用表的两支表笔接滤波电容器的两只引脚进行测量。
（3）如果测量的阻值为 0，说明滤波电容器被击穿损坏。
（4）如果阻值不断变化，最后变成无穷大，说明滤波电容器基本正常。

图 3-22　检测滤波电容器好坏

3. 制动电路故障分析维修方法

制动电路中最容易损坏的元器件是制动开关管和制动电阻器。在瞬间电流过大或脉冲过大时，会使制动开关管饱和导致其损坏。制动电路常见的故障分析如图 3-23 所示。

变频器　　　　制动电阻器

（1）制动开关管或制动电阻器开路，制动电路失去对电动机的制动功能，同时滤波电容器两端会充得过高的电压，易损坏主电路中的元件。
（2）制动电阻器或制动开关管短路，主电路电压下降，同时增加整流电路负担，易损坏整流电路。

图 3-23　制动电路常见的故障分析

在小功率变频器中会内置制动开关管和制动功率电阻器，根据直流回路的电压检测信号，直接或由 CPU 输出控制指令控制制动开关管的通 / 断，将制动电阻器并接入直流回路，使直流回路的电压增量，变为电阻器的热量耗散于空气中。

在检测制动电路时，可以先测量制动开关管基极脉冲电压是否正常，然后检测制动电阻器、制动开关管本身是否正常，如图 3-24 所示。

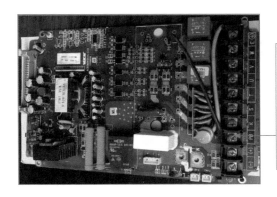

（1）测量制动开关管可通过 PB 端子和"—"端子来测量。将数字万用表调到欧姆 400k 挡进行测量。
（2）将万用表红、黑表笔分别接 PB 端子和"—"测量一次阻值，然后调换两支表笔再测量一次阻值。

图 3-24　测量制动电路元件

测量分析：如果两次测量中有阻值为 0 或很小的情况，说明制动开关管被击穿损坏。如果两次测量的阻值相差较大，说明开关制动管正常。如果两次测量的阻值均为无穷大，说明制动开关管可能性能不良，需要将制动开关管拆下来在开路状态下重新测量。

3.3.3　逆变电路故障维修方法

1. 逆变电路故障分析判断方法

变频器的逆变电路通常处在高电压、高电流、高温的工作环境中，而且一端连接主电路中的滤波电路，另一端连接负载电动机，同时还接收驱动电路的方波驱动信号，因此很容易出现故障。当滤波电路或驱动电路等出现故障后，也会牵连逆变电路，导致其损坏。逆变电路常见的故障分析如图 3-25 所示。

（1）IGBT模块短路烧坏。驱动电路的元件有问题（如电容漏液、击穿、光耦老化），也会导致IGBT模块烧坏或变频输出电压不平衡。

（2）IGBT模块击穿损坏。IGBT在关断时，由于逆变电路中存在电感成分，关断瞬间产生尖峰电压，如果尖峰电压超过IGBT器件的最高峰值电压，将造成IGBT击穿损坏。

（3）IGBT模块过热损坏。当IGBT模块的结温超过芯片的最大温度限定时就会引起IGBT模块过热，目前应用的IGBT器件还是以Tj_{max}=150℃的NPT技术为主流的，当超过此温度时，就可能引起IGBT模块损坏。

图 3-25　逆变电路常见的故障分析

2. 逆变电路故障维修方法

逆变电路的检测方法如下：

（1）检修逆变电路时，一般在通电检查前先判断IGBT模块内部元器件是否有损坏。通过测量变频器的U、V、W端子与P（＋）、N（－）端子间管电压来判断IGBT模块中元器件是否损坏。测量方法如图3-26所示。

（1）将数字万用表的挡位调到二极管挡，然后将红表笔接变频器的N（－）端子，黑表笔分别接变频器的U、V、W端子测量逆变电路中下桥臂中元器件，正常值应为0.46V，且各相基本相同。
（2）将万用表的黑表笔接P（＋）端子，红表笔分别接U、V、W端子测量逆变电路中上桥臂中元器件，正常值应为0.46V，且各相基本相同。
（3）如果测量的值为无穷大，则IGBT模块中元器件有断路故障；如果测量的阻值为0，则IGBT模块中的元器件有短路故障。

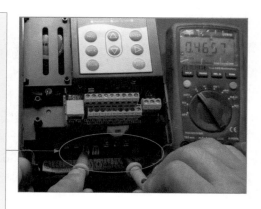

图 3-26　测量 IGBT 模块中上桥臂和下桥臂的元器件

另外，还可以用测量阻值的方法来判断 IGBT 模块好坏。

首先将万用表的挡位调到 R×10 挡（指针万用表）或欧姆挡的 200 挡（数字万用表），然后将红表笔接变频器 IGBT 模块的 P 引脚，黑表笔分别接 IGBT 模块的 U、V、W 引脚测量上桥臂中元器件的阻值，正常的 IGBT 模块会有几十欧的阻值，且各相阻值基本相同。如果测量的阻值为无穷大，则 IGBT 模块中元器件有断路故障；如果测量的阻值为 0，则 IGBT 模块中的元器件有短路故障。

然后将万用表的黑表笔接 IGBT 模块的 N 端引脚，红表笔分别接 IGBT 模块的 U、V、W 端引脚测量下桥臂中元器件的阻值，正常的 IGBT 模块会有几十欧的阻值，且各相阻值基本相同。如果测量的阻值为无穷大，则 IGBT 模块中的元器件有断路故障；如果测量的阻值为 0，则 IGBT 模块中的元器件有短路故障。

最后测量 U、V、W 三个端子中任意两个间的阻值，正常应为无穷大。如果阻值很小或为 0，则说明 IGBT 模块内部击穿损坏。

（2）如果 IGBT 模块内部元件没有损坏的情况，且在检测整流电滤波路和驱动电路均正常的情况下，才可通电检测 IGBT 模块。一般三相变频器的供电电压为 450～530V 直流电压，单相变频器的供电电压为 300V 直流电压。测量方法如图 3-27 所示。

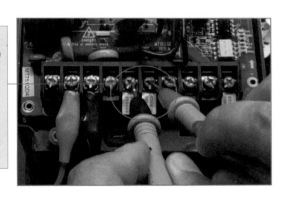

（1）将万用表的挡位调到直流 750V 挡，然后带电测量接线端子中的 P（＋）端子和 N（—）端子间的电压（这两个端子就是逆变电路中 P、N 两个引脚）。
（2）如果测量的供电电压正常，则故障是逆变电路引起的；如果供电电压不正常，则故障是由整流电路或中间电路引起的。

图 3-27　测量逆变电路供电电压

（3）检测驱动电路输出的控制变频管的方波信号是否正常。测量时，一般采用示波器测量波形的状态（见图 3-28）。如果方波脉冲的波形正常，就证明 CPU 电路以及脉冲驱动电路都处于正常工作状态。如果方波脉冲有异常现象，说明驱动电路、CPU 电路以及供电电路有故障。如果没有示波器，则可以采用万用表的 20V 直流电压挡测量变频管的脉冲电压六相是否都正常，一般六相都是相同的脉冲，大小为 3 ~ 5V。

将示波器的表笔接 IGBT 模块驱动信号输入引脚，测量驱动电路的输出波形。如果测量的波形为矩形波形，则说明驱动芯片工作都正常；如果没有矩形波形，则可判定驱动芯片损坏，更换即可。

图 3-28　测量驱动芯片的输出信号

（4）如果逆变电路的供电电压和控制方波信号均正常，则通过测量 IGBT 模块的 U、V、W 输出电压来判断 IGBT 中是否有变频管损坏。测量方法如图 3-29 所示。

（1）将变频器输出频率调到 3Hz 左右，将万用表的挡位调到直流电压 750V 挡，分别测量：P-U、P-V、P-W 及 U-N、V-N、W-N 之间的直流电压。
（2）如果几次测量出的电压值为直流母线电压值的一半，说明 IGBT 模块中的变频管均正常；如果测量的电压偏高，则所测量的这一路变频管损坏。

图 3-29　测量 IGBT 模块输出电压

3.3.4　IGBT 模块好坏检测实战

变频器中的 IGBT 模块有很多种，常用的是用于大功率变频器中的集成双变频管的 IGBT 模块和用于中小变频器中的集成整流电路、制动电路和六只变频管的 IGBT 模块。下面分别讲解这两种 IGBT 模块的检测方法。

1．集成双变频管 IGBT 模块检测方法

集成双变频管的 IGBT 模块内部集成了两个变频管，如图 3-30 所示。

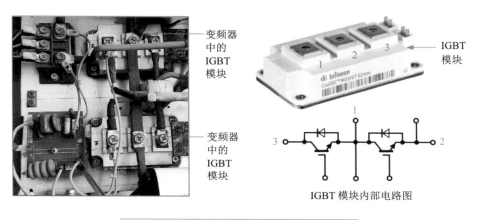

图 3-30　集成双变频管的 IGBT 模块

检测集成双变频管的 IGBT 模块时，使用数字万用表的二极管挡，具体步骤如图 3-31 所示（以英飞凌 IGBT 模块为例进行讲解）。

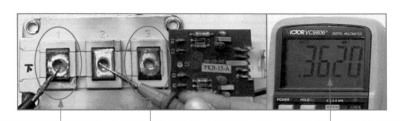

（1）将数字万用表调到二极管挡，红表笔接第 2 引脚，黑表笔接第 1 引脚，测量值约为 0.36V，测量值正常。如果测量值为 0，说明模块中所测变频管被击穿；如果测量值为无穷大，说明模块中所测变频管断路损坏。

图 3-31　集成双变频管的 IGBT 模块检测方法

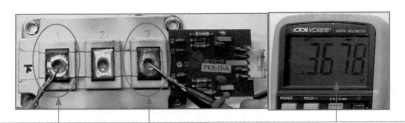

（2）将红表笔接第 1 引脚，黑表笔接第 3 引脚，测量值约为 0.36V，测量值正常。如果测量值为 0，说明所测变频管被击穿；如果测量值为无穷大，说明所测变频管断路损坏。

图 3-31　集成双变频管的 IGBT 模块检测方法（续）

2. 集成整流电路、制动电路、六只变频管的 IGBT 模块检测方法

在中小功率的变频器中，普遍采用集成整流电路、制动电路、六只变频管、热敏电阻器的IGBT 模块，这种高集成度的IGBT 模块可以减少电路间的干扰，减少故障发生率。图 3-32 所示为 IGBT 模块引脚图及内部电路图。

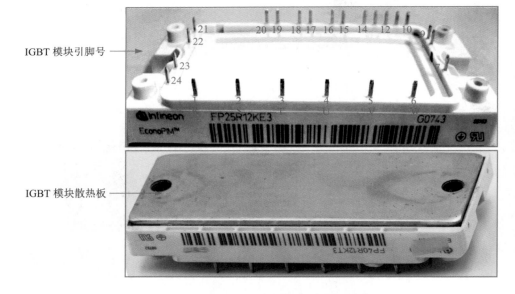

IGBT 模块引脚号

IGBT 模块散热板

图 3-32　IGBT 模块引脚图及内部电路图

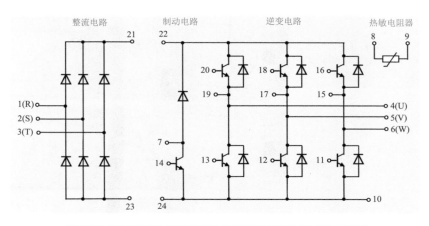

整流电路　　制动电路　　逆变电路　　热敏电阻器

图 3-32　IGBT 模块引脚图及内部电路图（续）

检测集成整流电路、制动电路、六只变频管的 IGBT 模块时，使用数字万用表的二极管挡进行测量，如图 3-33 所示（以英飞凌 IGBT 模块为例进行讲解）。

（1）将数字万用表调到二极管挡，红表笔接第 21 引脚，黑表笔接第 1 引脚，测量整流电路中上臂整流二极管，测量值约为 0.49V，测量值正常。

（2）将红表笔接第 21 引脚，黑表笔接第 2 引脚，测量值约为 0.49V，测量值正常。

（3）将红表笔接第 21 引脚，黑表笔接第 3 引脚，测量值约为 0.49V，测量值正常。

（4）将红表笔接第 23 引脚，黑表笔接第 1 引脚，测量整流电路中下臂整流二极管，测量值约为 0.49V，测量值正常。

图 3-33　IGBT 模块检测方法

（5）将红表笔接第 23 引脚，黑表笔接第 2 引脚，测量值约为 0.49V，测量值正常。

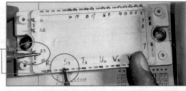

（6）将红表笔接第 23 引脚，黑表笔接第 3 引脚，测量值约为 0.49V，测量值正常。说明整流电路正常。

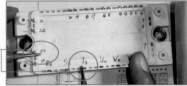

（7）将红表笔接第 22 引脚，黑表笔接第 4 引脚，测量逆变电路中上臂中的变频管，测量值约为 0.43V，测量值正常。

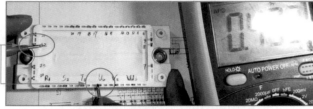

（8）将红表笔接第 22 引脚，黑表笔接第 5 引脚，测量逆变电路中上臂中的变频管，测量值约为 0.43V，测量值正常。

（9）将红表笔接第 22 引脚，黑表笔接第 6 引脚，测量逆变电路中上臂中的变频管，测量值约为 0.43V，测量值正常。

（10）将红表笔接第 22 引脚，黑表笔接第 7 引脚，测量制动电路中二极管，测量值约为 0.43V，测量值正常。说明制动电路正常。

图 3-33　IGBT 模块检测方法（续）

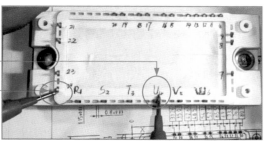

（11）将红表笔接第 24 引脚，黑表笔接第 4 引脚，测量逆变电路中下臂中的变频管，测量值约为0.43V，测量值正常。

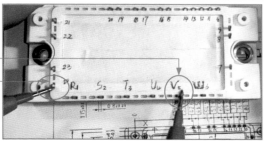

（12）将红表笔接第 24 引脚，黑表笔接第 5 引脚，测量逆变电路中下臂中的变频管，测量的值约为0.43V，测量值正常。

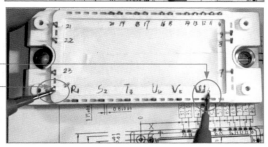

（13）将红表笔接第 24 引脚，黑表笔接第 6 引脚，测量逆变电路中下臂中的变频管，测量值约为0.43V，测量值正常。说明 6 只变频器均正常。

图 3-33　IGBT 模块检测方法（续）

测量结论：经检测，该 IGBT 模块的整流电路、制动电路以及逆变电路均正常，IGBT 模块可正常使用。

 3.4 变频器主电路故障维修实战

3.4.1　充电电阻器损坏导致的变频器不上电故障维修

一台汇川故障变频器，客户反映开机不上电，显示屏无显示。由于显示屏的供电是由开关电源电路提供的，因此故障可能是开关电源电路故障引起的。另外，开关电源电路的输入电源取自主电路，所以故障也可能是主电路故障引起的。

变频器不上电故障的维修方法如图 3-34 所示。

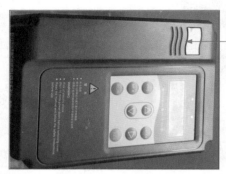

（1）在通电检测前，先用万用表检测一下整流电路和 IGBT 模块是否有问题，防止通电后造成变频器电路二次损坏。

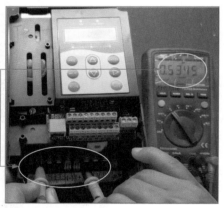

（2）测量时，先拆开变频器的外壳，然后将数字万用表调到二极管挡，黑表笔接直流母线的正极，红表笔分别接 R、S、T 三个端子，测量三次，测量值均为0.53V 左右，说明整流电路中上面的三只整流二极管均正常。

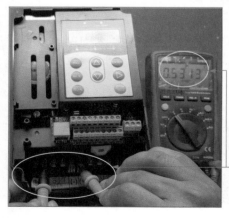

（3）将红表笔接直流母线的负极，黑表笔分别接 R、S、T 三个端子，测量三次，测量值均为0.53V 左右，说明整流电路中下面的三只整流二极管也都正常。

图 3-34　变频器不上电故障维修方法

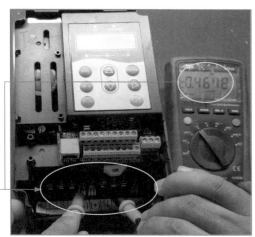

（4）将红表笔接直流母线的负极，黑表笔分别接 U、V、W 三个端子，测量三次，测量值为 0.46V 左右，说明逆变电路中下臂的三只变频元器件都正常。

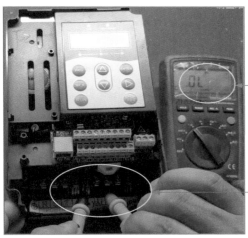

（5）将黑表笔接直流母线的正极，红表笔分别接 U、V、W 三个端子，测量三次，测量值均为无穷大（正常应为 0.46V），说明逆变电路上臂变频元器件可能有问题。

（6）拆开变频器外壳准备做进一步的检测。

图 3-34　变频器不上电故障维修方法（续）

（7）拆下电源电路板，准备检查主电路。

充电电阻器和充电继电器

（8）由于第5步的测量点与逆变电路之间还有充电电阻器、充电继电器等元器件。如果充电电阻器出现断路故障，同样会造成电压无穷大的测量结果，因此先检测充电电阻器是否正常。将万用表调到欧姆挡，在电源电路板背面用两支表笔接充电电阻器的两只引脚，测量值为5.4MΩ，正常应该为几十欧姆，说明充电电阻器已损坏。

（9）用电烙铁拆下损坏的充电电阻器。

图 3-34　变频器不上电故障维修方法（续）

（10）可以看到充电电阻器已经开裂损坏。

（11）用同型号的充电电阻器替换损坏的电阻器（由于手边没有现成的充电电阻器，因此用两个阻值相同的水泥电阻器暂时替换进行故障测试）。

（12）更换充电电阻器后，再次测量逆变电路，将黑表笔接直流母线的正极，红表笔分别接 U、V、W 三个端子，测量三次，测量值均为 0.46V 左右，说明逆变电路正常。

图 3-34 变频器不上电故障维修方法（续）

（13）给变频器通电，将万用表调到直流 750V 挡，红、黑表笔分别接 P 端和 N 端，测量值约为 525V，说明母线直流电压正常。

（14）将主板连接好，进行测试，发现通电后，显示器有显示，说明变频器的显示器工作正常了。

（15）在变频器输出端连接电动机进一步测试。

图 3-34　变频器不上电故障维修方法（续）

（16）通电后，电动机开始运转，调整频率，电动机转速随之变动，变频器工作正常，故障排除。

图 3-34　变频器不上电故障维修方法（续）

3.4.2　IGBT 模块损坏导致变频器通电无反应故障维修

客户送来一台故障变频器，根据客户描述通电后没反应。对于变频器通电没反应的故障一般都是由于电源电路故障引起的，因此接下来重点检查变频器的电源电路。

变频器通电无反应故障的维修方法如图 3-35 所示。

（1）首先拆开变频器的外壳，在断电情况下检测主电路是否有损坏的情况。

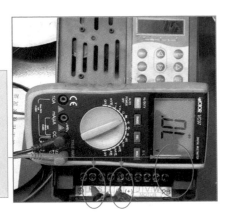

（2）将数字万用表调到二极管挡，将红表笔接直流母线的负极，黑表笔分别接 R、S、T 三个端子，测量三次，测量值均为无穷大，说明整流电路中下面的三只整流二极管均损坏。然后再将黑表笔接直流母线的正极，红表笔分别接 R、S、T 三个端子，测量三次，测量值也都是无穷大，说明整流电路中上面的三只整流二极管也损坏了。

图 3-35　变频器通电无反应故障维修方法

（3）将红表笔接直流母线的负极，黑表笔分别接U、V、W三个端子，测量值均为 0.46V 左右，说明逆变电路中下臂的三个变频元器件都正常。然后将黑表笔接直流母线的正极，红表笔分别接U、V、W三个端子，测量值也均为 0.46V 左右，说明逆变电路上臂变频元器件都正常。

（4）拆开变频器的电路板，准备做进一步检测。

（5）拆下电源电路板后，检查 IGBT 模块，发现模块周围电路板被烧黑，由于此模块中集成了整流电路，而之前测量整流电路中的整流二极管的管电压都是无穷大，说明模块内部整流二极管已经烧坏断路，此模块已经损坏。

图 3-35　变频器通电无反应故障维修方法（续）

（6）拆下 IGBT 模块，看到模块底部已被烧黑。

（7）在更换新的 IGBT 模块之前，需要先测量驱动电路等电路中的元器件，确认其正常，否则直接更换 IGBT 模块，上电后极有可能再次烧坏 IGBT 模块。给电源电路板通电，从 IGBT 的引脚测量各驱动电路 G、E 间的电压是否正常，正常应该有负几伏的电压（如 −7.5V），且各驱动电路电压都一致。如果有电压不正常的，则可能是此路驱动电路有问题。

（8）对于不正常的驱动电路，要重点检查驱动芯片和电阻器，找到损坏的元器件，并更换掉。之后用示波器测量各路驱动信号的波形是否正常，如果不正常，还要继续找出问题元器件。

图 3-35　变频器通电无反应故障维修方法（续）

（9）在驱动电路的驱动电压和波形均正常的情况下，才考虑更换IGBT模块。首先准备好IGBT模块，并在其背面涂抹散热硅脂。

（10）先将IGBT模块安装到电路板上，并固定好，准备焊接IGBT模块引脚。注意：要先固定好，才能焊接，这样可以避免焊接后无法安装的问题。

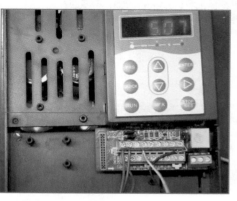

（11）安装固定好IGBT模块后，开始焊接IGBT模块引脚。注意：焊点要均匀饱满。

（12）焊接完成后，将变频器的主板装好，然后通电测试。变频器可以正常开机，然后连接电动机进行测试，电动机运行正常，故障排除。

图3-35　变频器通电无反应故障维修方法（续）

第**4**章

看图维修变频器开关电源电路

变频器中的开关电源电路主要为变频器的整机控制电路提供工作电压。该电路如果出现故障将导致变频器无法正常工作。本章将重点讲解开关电源电路的工作原理及维修方法。

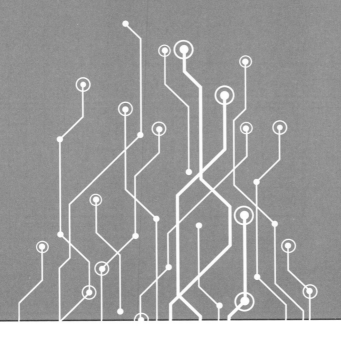

看图识变频器开关电源电路及电路图

变频器的开关电源电路提供 24V、15V、-15V、5V 等直流工作电压。其中，CPU 及附属电路、控制电路、操作显示面板需要 +5V 电压；电流、电压、温度等故障检测电路、控制电路需要 ±15V 电压；控制端子、工作继电器线圈需要 24V 电压。驱动电路需要约为 22V 电压，该四路供电电压又经稳压电路处理成 +15V、-7.5V 的正、负电源供驱动电路，为 IGBT 逆变输出电路提供激励电流。可以说开关电源电路是变频器正常工作的先决条件。

开关电源电路由开关变压器、开关管、控制芯片、电容器、电阻器等组成。图 4-1 所示为变频器开关电源电路和电路图。

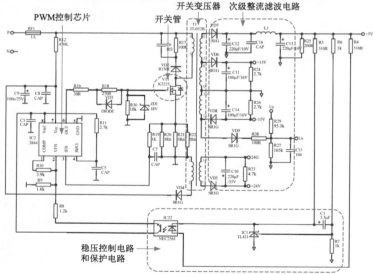

图 4-1　变频器开关电源电路和电路图

4.2 小功率变频器开关电源电路结构及工作原理

变频器开关电源电路为"直流—交流—直流"方式的逆变电路，它先将高压直流电压转换为脉冲电压，然后再整流成变压器控制电路等需要的低压直流电。本节将详细讲解小功率变频器开关电源电路的结构和工作原理。

4.2.1　小功率变频器开关电源电路的结构

小功率变频器开关电源电路主要由开关振荡电路、整流滤波电路、稳压控制电路、保护电路等组成，如图 4-2 所示。

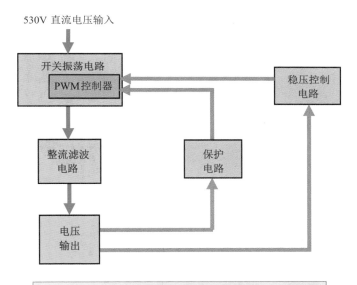

图 4-2　小功率变频器开关电源电路的组成框图

图 4-3 所示为小功率变频器开关电源电路各组成电路的功能详解。

开关振荡电路：开关振荡电路是开关电源中的核心电路，其作用是通过 PWM 控制器输出的矩形脉冲信号，驱动开关管不断导通 / 截止，处于开关振荡状态，从而使开关变压器的初级线圈产生开关电流，开关变压器处于工作状态，在次级线圈中产生感应电流，再经过处理后输出电压。

整流滤波电路：该电路的作用是将开关变压器次级端输出的电压进行整流与滤波，得到稳定的直流电压并输出。因为开关变压器和输出二极管在工作时会形成电磁干扰。因此要得到纯净的 5V、±15V、24V 电压，开关变压器输出的电压必须经过整流滤波处理。

稳压控制电路：该电路的主要作用是在误差取样电路的作用下，通过控制开关管激励脉冲的宽度或周期，控制开关管导通时间的长短，使输出电压趋于稳定。

保护电路：该电路的作用是当输出电压超过设计值时，把输出电压限定在安全值的范围内。当开关电源内部稳压环路出现故障或由于用户操作不当引起输出过压现象时，过电压保护电路进行保护，防止损坏其他用电设备。

图 4-3 开关电源电路各组成电路的功能详解

4.2.2　开关电源电路的供电来源分析

在小功率变频器的开关电源电路中，供电电源一般有以下几种来源方式。

（1）直接取自变频器主电路的整流电路

通过变频器的 R、S、T 电源输入端输入变频器主电路中的 380V 交流电，经过整流电路和直流滤波电路处理后变为 530V 左右的高压直流电。有一部分变频器的开关电源电路的供电就取自此 530V 直流电，变频器厂家一般会将获取直流电的端口标注为 P 端（＋）和 N 端（－），如图 4-4 所示。

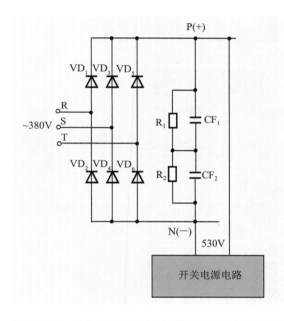

图 4-4　直接取自变频器主电路的整流电路

（2）取自变频器主电路滤波电容器

部分小功率变频器的开关电源电路的供电取自主电路的直流滤波电路中的滤波电容器，如图 4-5 所示。

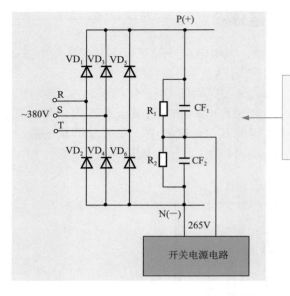

由于直流滤波电路中的两只滤波电容器串联接于直流回路上，两只电容器对 530V 直流电压形成分压，也就是每只滤波电容器上的电压为 265V 左右。

图 4-5　取自变频器主电路滤波电容器

（3）取自电源输入端

部分小功率变频器的开关电源电路的供电取自电源输入口，即从 R、S、T 输入端子中的任两相上取得，如图 4-6 所示。

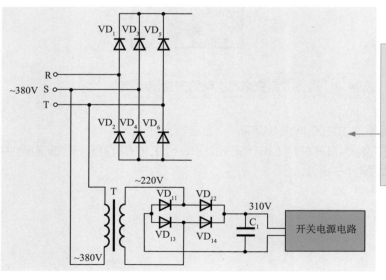

R、S、T 输入端子中的任两相 380V 交流电，经过变压器转变为 220V 交流电，再经过整流滤波电路处理后变为 310V 直流电，然后给开关电源电路供电。

图 4-6　取自电源输入端

4.2.3　开关振荡电路工作原理

开关振荡电路主要包括他激式振荡电路和自激式振荡电路。

1. 他激式振荡电路的组成

他激式振荡电路主要由开关管、PWM 控制芯片、开关变压器、电阻器、电容器、二极管等组成。图 4-7 所示为他激式振荡电路组成元器件。

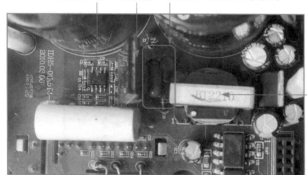

图 4-7　他激式振荡电路组成元器件

（1）开关管

在变频器的开关电源电路中，开关管的作用是将直流电流变成脉冲电流。它与开关变压器一起构成一个自激（或他激）式的间歇振荡器，从而把输入直流电压调制成高频脉冲电压，起到能量传递和转换作用。

目前变频器中使用最广泛的开关管是绝缘栅场效应管（MOSFET 管），但有些变频器的开关电源电路中也使用双极型三极管作为开关管。变频器开关电源电路中需要耐压值不低于 1 200V 的开关管，一般 K1317 型号和 K2225 型号的场效应管应用较多，两者可以互换，如图 4-8 所示。

三极管和 MOS 管作为开关管的区别：

①三极管是电流型控制元器件，而 MOS 管是电压型控制元器件，三极管导通所需的控制端输入电压要求较低，一般 0.4 ~ 0.6V 以上就可以实现三

极管导通，只需改变基极限流电阻器即可改变基极电流。而 MOS 管为电压控制，导通所需电压在 4 ～ 10V，且达到饱和时所需电压为 6 ～ 10V。在控制电压较低的场合一般使用三极管作为开关管，也可以先使用三极管作为缓冲控制 MOS 管。

② MOS 管内阻很小，一般在小电流场合使用 MOS 管较多。

③ MOS 管的输入阻抗大，所以 MOS 管要比三极管快一些，稳定性好一些。

开关管的型号

图 4-8　电源电路中的开关管

由于开关管工作在高电压和大电流的环境下，发热量较大，因此一般会安装一个散热片。

（2）PWM 控制芯片

PWM（脉宽调制）是用来控制和调节占空比的芯片。PWM 控制芯片的作用是输出开关管的控制驱动信号，驱动控制开关管导通和截止，然后通过将输出直流电压取样，来控制开关管开通和关断的时间比率，从而维持稳定的输出电压。

在变频器的开关电源电路中，应用较多的 PWM 控制芯片包括 UC3844、UC3842 等。图 4-9 和表 4-1 所示分别为开关电源中部分常用 PWM 控制芯片的引脚图和 PWM 芯片各引脚功能（以 UC3844 为例）。

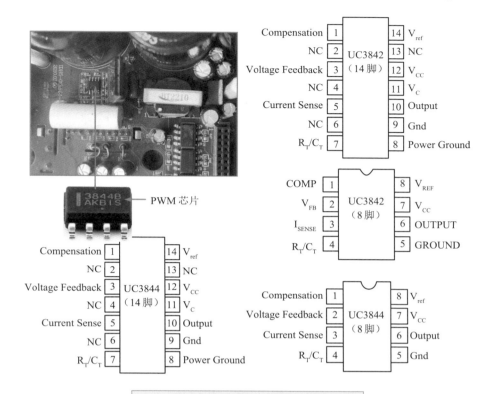

PWM 芯片

图 4-9　常用 PWM 控制芯片引脚图

表 4-1　PWM 芯片引脚功能

引脚号	引脚名称	功能
第 1 引脚	COMP（RF）	频率补偿引脚，为芯片内部误差放大器的输出
第 2 引脚	V_{FB}（U_{FB}）	将开关电源输出端的一部分电压反馈到第 2 引脚，进入芯片内部误差放大器的反相输入端，过电压时调整芯片内部使第 6 引脚输出脉冲为零，实现过电压保护
第 3 引脚	I_{SENSE}（I_{FB}）	此引脚是过电流检测反馈输入引脚，将开关管的漏极（D）、源极（S）导通的过电流经 1kΩ 电阻反馈送到芯片第 3 引脚，控制芯片内部振荡器停振，使第 6 引脚输出送开关管栅极的脉冲为零，实现过电流保护
第 4 引脚	R_T/C_T（R/C_T）	此引脚外接振荡定时电容器内接振荡电路，外定时电容器的容量决定振荡的频率
第 5 引脚	GROUND	芯片接地端

（续表）

引脚号	引脚名称	功能
第6引脚	OUTPUT	此引脚为脉冲方波信号的输出端，输出方波脉冲信号送开关管栅极（G），控制开关管工作在导通与截止状态，使脉冲变压器初级线圈产生交变磁场
第7引脚	V_{CC}	此引脚为芯片的供电引脚，启动电压来自启动降压电路，在芯片工作后，第7引脚电压由启动降压与反馈电路共同组成
第8引脚	V_{REF}	此引脚为基准电压测试端，可测出芯片内部稳压是否良好

图 4-10 所示为 UC3844 芯片内部电路结构图。

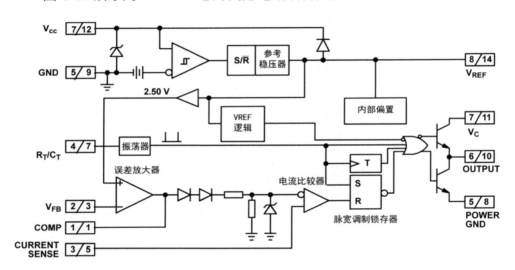

图 4-10　UC3844 芯片内部电路结构图

（3）开关变压器

开关变压器利用电磁感应的原理来改变电压的装置，主要构件是初级线圈、次级线圈和铁芯（磁芯）。在开关电源电路中，开关变压器和开关管一起构成一个自激（或他激）式的间歇振荡器，从而把输入直流电压调制成高频脉冲电压，起到能量传递和转换作用。图 4-11 所示为开关变压器。

开关变压器的型号

开关变压器的引脚

图 4-11　开关变压器

2. 他激式振荡电路工作原理

图 4-12 所示为他激式开关振荡电路，它由 PWM 控制器 IC2（3844 芯片）、开关管 TR1、开关变压器 TL1 组成。

（1）PWM 控制器启动：当 530V 直流电压经启动电阻器 R12 分压，电容器 C8、C9 滤波后，加到 PWM 控制器 IC2（3844）的第 7 引脚，为其提供启动电压。

（2）IC2 启动后，其内部电路开始工作，其第 6 引脚内部连接的 PWM 波形成电路产生振荡脉冲，并由第 6 引脚输出，经电阻器 R16、R18，再由电阻器 R30、稳压二极管 ZD1 消噪和正向限幅后，加到开关管 VT1 的栅极，使 VT1 导通。此时，电流流过开关变压器 T1 的初级线圈 4-5，并在 1-3 线圈产生感应电压。此感应电压由整流二极管 VD4、滤波电容器 C8 和 C9 整流滤波后，产生 15V 直流电压并加到 IC2 芯片的第 7 引脚的 VCC 端，为 PWM 控制器提供自供电，取代启动电路维持电源正常振荡。（电容器 C6、电阻器 R17、二极管 VD2 组成电路用来吸收输入电压中的尖峰电流，防止击穿开关管）。

（3）IC2 芯片启动后，其第 8 引脚输出 5V 基准电压，除提供第 8、4 引脚之间的 R、C 振荡定时电路的供电外，还提供稳压控制电路中 IC22 输出侧内部晶体管的电源；IC2 芯片的第 1、2 引脚之间所并联的电阻器 R10 等元件，构成了内部电压误差放大器的反馈回路，决定了放大器的增益和频率传输特性。

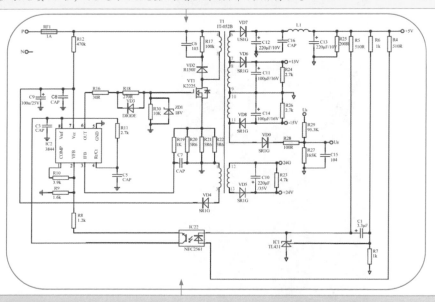

（4）当电流流过开关变压器 T1 的 4-5 绕组、开关管 VT1、电阻器 R20、R21、R22，在开关变压器 T1 的初级线圈产生上正下负的电压；同时，开关变压器 T1 的次级线圈产生下正上负的感应电动势，这时变压器次级线圈上的整流二极管截止，此阶段为储能阶段。

（5）此时，电流经电阻器 R19 给电容器 C7 充电并加到 PWM 控制器第 3 引脚的 PWM 比较器同相输入端，与内部电路基准电压比较，产生控制信号送后级 PWM 波形成电路。当电容器 C7 上的电压上升到 PWM 控制器内部的比较器反相端的电压时，比较器控制 RS 锁存器复位，PWM 芯片的第 6 引脚输出低电平到开关管 VT1 的栅极，开关管 VT1 截止。此时开关变压器 T1 初级线圈上的电流瞬间变为 0，初级线圈的感应电压为下正上负，在次级线圈上感应出上正下负的电压，此时变压器次级线圈的整流二极管导通，开始为负载输出电压。这样 PWM 控制器控制开关管不断的导通和截止，开关变压器 T1 的次级线圈就会不断地输出直流电压。

图 4-12　他激式振荡电路工作原理

3. 自激式开关振荡电路工作原理

自激式开关电源是一种利用间歇振荡电路组成的开关电源，此类开关电源占有量不多，结构也不是太复杂。自激式开关电源中的开关管既可采用三极管，也可采用场效应管。

自激式开关振荡电路主要由开关管、开关变压器、电阻器、电容器等元器件组成。图 4-13 所示为自激式振荡电路工作原理。

（1）530V 直流电压经启动电阻器 R2、R3、R4 分压后，为开关管 VT1 的基极提供启动电流，使其导通。530V 电压经过开关变压器 T1 的 5-7 绕组加到 VT1 的集电极，再经过发射极接地构成回路。此时，在 T1 的 5-7 绕组中感应出 3 正、7 负的感应电压，同时 T1 的 1-2 反馈绕组也感应出 1 正、2 负的正反馈电压，该电压经电阻器 R5 位电容器 C2 加至 VT1 的基极，使开关管 VT1 迅速饱和导通。

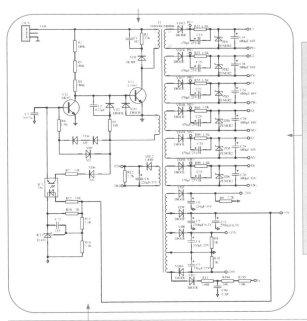

（2）随着电容器 C2 充电电压的升高，开关管 VT1 基极电位逐渐变低，退出饱和区，开关变压器 T1 的 1-2 绕组的感生电压开始降低，电流开始减小，在 T1 的 1-2 绕组感应出 1 负、2 正相位相反的电压，使 VT1 迅速截止。

（3）VT1 截止后，二极管 D5、电阻器 R6 将 VT1 截止期间正反馈电压绕组产生的负压，送入三极管 Q2 的基极，迫使其截止，停止对 VT1 的基极电流的分流。

（4）同时，开关管 VT1 截止后，开关变压器 T1 的 1-2 绕组中没有感应电压，530V 输入电压又经启动电阻器 R2、R3、R4 分压后给电容器 C2 反向充电，逐渐提高开关管 VT1 基极电位，使其重新导通，再次翻转达到饱和状态，电路就这样重复振荡下去。

（5）当开关管 VT1 导通时，开关变压器 T1 的 5-7 绕组感应电压为 3 正、7 负，而二次绕组 11-12 感应电压为 11 正、12 负，整流二极管 D15 处于截止状态，在一次绕组 5-7 中储存能量。当 VT1 截止时，T1 一次绕组 5-7 中储存的能量，通过二次绕组及 VD15 整流和电容器 C14 滤波后向负载输出工作电压。

图 4-13　自激式振荡电路工作原理

4.2.4 整流滤波电路工作原理

整流滤波电路主要由整流二极管、滤波电容器、电感器等组成，如图 4-14 所示。

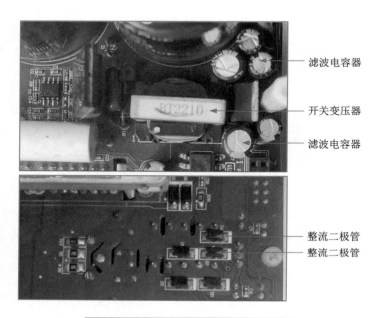

图 4-14　整流滤波电路组成结构

整流滤波电路工作原理如图 4-15 所示。

（1）开关变压器 T1 二次绕组的整流滤波电路输出 5V、24V、15V、−15V 等各路常规用电。其中，5V 供电电压由整流二极管 VD7、LC 滤波电路（由电感器 L1 和电容器 C12、C16、C13 组成）组成的整流滤波电路，以及取样电阻器 R4、R5、R6 组成反馈电路提供。在 5V 整流滤波输出电路中使用 LC 滤波电路，可以利用电感器吸收大部分交流干扰信号，将其转化为磁感和热能，剩下的大部分被电容器旁路到地。这样就可以抑制干扰信号，在输出端就获得比较纯净的直流电流。

（2）15V 供电电压由整流二极管 VD6、滤波电容器 C11 组成的整流滤波电路提供；−15V 供电电压由两组整流滤波电路组成，一路是整流二极管 VD8、滤波电容器 C14 组成的电路；另一路是整流二极管 VD9，电阻器 R28、R29、R27，电容器 C15 等组成的正电压输出电路。注意：此路"电源"的滤波电容器仅为 0.1μF，且串联电阻器输出。这路输出显然是不能当作电源使用的，它只是提供一个直流回路的电压检测输出信号这个模拟电压信号反映了 530V 直流回路电压的高低。24 V 供电电压由整流二极管 D5、滤波电容器 C10 组成的整流滤波电路提供。

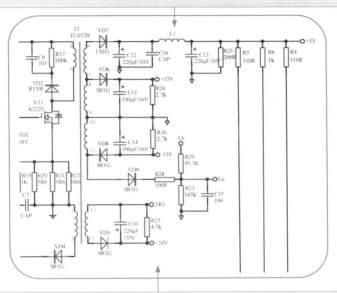

（3）整流滤波电路的工作原理如下（以 5V 输出电压为例讲解）：当开关变压器 T1 的次级线圈 6-7 感应出上正下负的电流时，电流经过整流二极管 VD7、电感器 L1 为电容器 C12、C16、C13 充电，电能储存在电感器 L1 的同时也为外接负载提供 5V 的电能。当 T1 的次级线圈无感应电流时，电容器 C12、C16、C13 放电，与电感器 L1 一起为负载提供 5V 的电能。

图 4-15　整流滤波电路工作原理

4.2.5　稳压控制电路工作原理

　　由于电网的交流电是在一定范围内变化的，当电网电压升高时，开关电源电路的开关变压器输出的电压也会随之升高，为了得到稳定的输出电压，在开关电源电路中一般会设计一个稳压控制电路，用于稳定开关电源的输出电压。

　　稳压控制电路主要由 PWM 控制芯片（控制器内部的误差放大器、电流比较器、锁存器等）、光电耦合器、精密稳压器、取样电阻器等组成。图 4-16 所示为稳压控制电路的组成。

图 4-16　稳压控制电路的组成

1.　光电耦合器

　　光电耦合器的主要作用是将开关电源输出电压的误差反馈到 PWM 控制器上。当稳压控制电路工作时，在光电耦合器输入端加电信号驱动发光二极管（LED），使之发出一定波长的光，被光探测器接收而产生光电流，再经过进一步放大后输出。这就完成了电—光—电的转换，从而起到输入、输出、隔离的作用，光电耦合器及内部结构如图 4-17 所示。

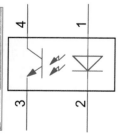

表面的小凹点和电路板上的小圆圈是第 1 针脚标志

图 4-17　光电耦合器及内部结构

2. 精密稳压器

精密稳压器是一种可控精密电压比较稳压器件，相当于一个稳压值在 2.5 ~ 36V 的可变稳压二极管。常用的精密稳压器有 TL431 等，其外形、符号、内部结构及实物如图 4-18 所示，其中，A 为阳极，K 为阴极，R 为控制极。精密稳压器内部有一个电压比较器，该电压比较器的反相输入端接内部基准电压 2.495V±2%。该比较器的同相输入端接外部控制电压，比较器的输出用于驱动一个 NPN 的晶体管，使晶体管导通，电流就可以从 K 极流向 A 极。

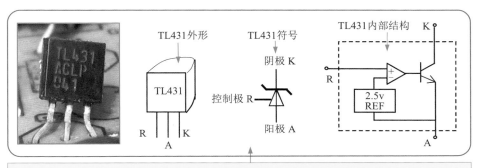

TL431 稳压器的工作原理为：加到 R 端的电压 U_{RA}，在 TL431 内部比较运算放大器中与基准电压（REF）进行比较，当其高于基准电压时，运算放大器输出高电压使内部三极管导通加强（I_{KA} 增大），反之，I_{KA} 减小。

图 4-18　TL431 精密稳压器

3. 稳压控制电路工作原理

了解了稳压控制电的组成结构，我们再来梳理一下稳压控制电路的工作原理，如图 4-19 所示。

（1）该稳压控制电路由 5V 电压输出端、取样电阻器 R6 和 R7、精密稳压器 IC1（TL431）、光电耦合器 IC22、PWM 芯片 IC2 的第 8 引脚基准电压、电阻器 R8 和 R9 等元器件构成。开关电源电路输出的 5V 为 CPU 直接供电，而 CPU 较之其他电路对供电有较苛刻的要求，要求电压的波动不大于 5%，因而开关电源的电压反馈信号就取自这里。

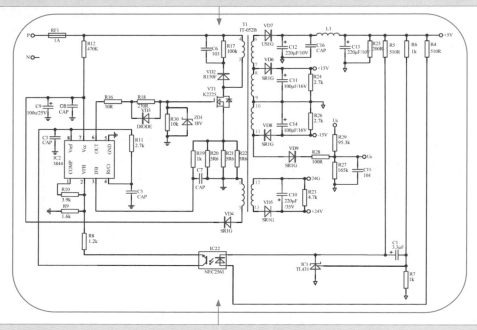

（2）稳压控制电路工作原理：当 5V 输出电压下降时，取样电阻器 R6、R7 分压点电压下降，低于精密稳压器 TL431 的参考电压 2.5V 时，TL431 的导通程度减少，使 5V 输出电压经电阻器 R4 流过光耦合器 IC22 中的二极管发光强度随之下降，IC22 输出侧光敏晶体管因受光面的光通量下降，其导通等效内阻增加，由 PWM 控制器芯片 IC2 第 8 引脚输出的基准电压经光耦合器内部的光敏三极管、电阻器 R8 后输入到 PWM 控制芯片 IC2 的第 2 引脚（反馈电压引入脚）的电压下降，IC2 芯片内部误差放大器的输出减少，此信号控制内部 PWM 波发生器，IC2 芯片的第 6 引脚输出的脉冲占空比变化——低电平脉冲时间减少，使开关管 VT1 的导通时间变长，开关变压器 T1 的储能增加，二次绕组输出电压会增大，实现稳压的功能。

图 4-19　稳压控制电路的工作原理

4.2.6　保护电路工作原理

开关电源电路中的保护电路包括开关管保护电路、过电流保护电路、短路保护电路、过电压保护电路等，下面进行详细分析。

1. 开关管保护电路

开关管保护电路是由电容器 C6、电阻器 R17，二极管 VD2 组成的尖峰吸收电路（见图 4-20），用来吸收输入电压中的尖峰电流，防止开关管在导通和截止转换时被击穿。

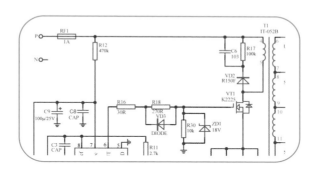

图 4-20　开关管保护电路

2. 过电流保护电路工作原理

过电流保护电路由采样电阻器 R20、R21、R22、R19 以及 PWM 芯片 IC2 的第 3 引脚等组成，如图 4-21 所示。

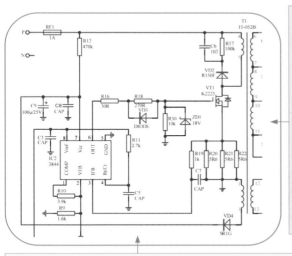

（1）当开关电源电路输入端 530V 直流电压过高时，开关变压器 T1 一次绕组中的电流经开关管 VT1 的漏极（D）、源极（S）后，在电流采样电阻器 R20、R21、R22 上产生的电流增大。此电流采样信号经电阻器 R19 输入到 PWM 芯片 IC2 的第 3 引脚，与内部电路基准电压比较，产生控制信号送后级 PWM 波形成电路。

（2）如果电流采样信号能对一次绕组电流变化做出快速反应，使整体电路有较好的电流控制性能，在过电流程度较轻时，电流闭环控制，使输出电流趋于稳定。

（3）如果过电流程度较重时，就会控制振荡器停止工作，使 IC2 芯片第 6 引脚输出的方波信号为零，使开关管停止工作，起到保护了开关管和后级负载电路安全的作用。

图 4-21　过电流保护电路

3. 过电压保护电路和短路保护电路工作原理

过电压保护电路由光电耦合器 PC2、PWM 控制芯片 IC2 第 1 引脚、取样电阻器 R4 和 R7 等组成。短路保护电路主要由光电耦合器 PC2、PWM 控制芯片 IC2 等组成，如图 4-22 所示。

（1）过压保护电路工作原理：当 5V 输出电压过高时，取样电阻器 R6、R7 分压点电压上升，低于参考电压 2.5V 时，TL431 的导通程度增加，使 5V 输出电压经电阻器 R4 流过光耦合器 IC22 中的二极管发光强度随之上升，IC22 输出侧光敏三极管因受光面的光通量上升，其导通等效内阻减小，由 PWM 控制器芯片 IC2 第 8 引脚输出的基准电压经光耦合器内部的光敏三极管、电阻器 R8 后输入到 PWM 控制芯片 IC2 的第 2 引脚（反馈电压引入脚）的电压升高，如果过电压程度较重，就会控制芯片内部振荡器停止工作，开关电源停止工作，实现过压保护。

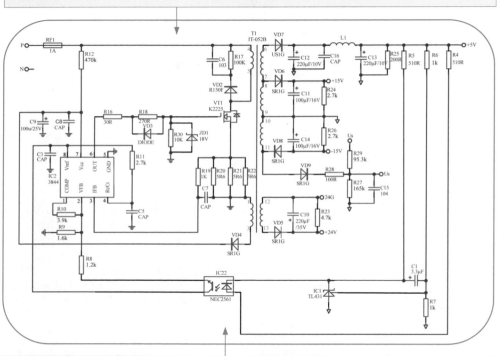

（2）短路保护电路工作原理：当 5V 输出电路出现短路故障时，5V 输出电压消失，光耦合器 IC22 不导通，反馈电压变为 0，PWM 控制芯片 IC2 第 2 引脚检测的电压为 0，控制 IC2 芯片内部振荡器停止工作，开关电源停止工作，起到保护电路的作用。

图 4-22　过电压保护电路和短路保护电路

4.3 大功率变频器开关电源电路工作原理

　　大功率变频器所需电源容量较大（尤其是驱动电路），需要较大的功率输出能力，故开关电源电路与小功率变频器有了明显不同。通常大功率变频器的开关电源电路有两个：一个专门为整机控制电路供电，另一个为 IPM 模块内部驱动电路供电。

　　从主要元器件数量上来看，通常大功率变频器的开关电源电路有 4 个开关变压器、4 个开关管。而且大功率变频器的开关电源电路多采用双端正激式开关电路，该电路的工作原理如图 4-23 所示。

（1）双端正激电路中，变压器 T 起隔离和变压作用，在输出端加一个电感器 L（续流电感），起能量储存及传递作用。输出回路中需有一个整流二极管 D3 和一个续流二极管 D4。

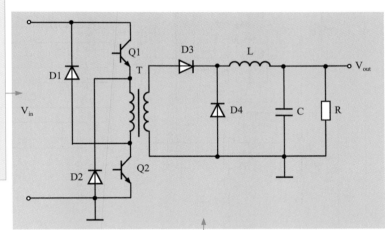

（2）当开关管 Q1 和 Q2 同时导通时，输入电压 V_{in} 全部加到变压器 T 初级线圈上产生的感应电压，使二极管 D1 和 D2 截止，而次级线圈上感应的电压，使整流二极管 D3 导通，并通过电感器 L 和电容器 C 组成的 LC 滤波电路为负载 R 供电，同时在变压器 T 中建立起磁化电流。

（3）当开关管 Q1 和 Q2 截止时，整流二极管 D3 截止，电感器 L 上的电压极性反转并通过续流二极管 D4 继续向负载供电。变压器 T 中的磁化电流则通过初级线圈、二极管 D1 和 D2 向输入电压 V_{in} 释放而去磁；这样在下次两个开关管导通时不会损坏开关管。

图 4-23　双端正激式开关电源电路工作原理

图 4-24 所示为大功率变频器开关电源电路图（AB 变频器），第一个开关电源电路主要为 IGBT 驱动电路供电，第二个开关电源电路为 CPU、显示面板等控制电路供电。两个开关电源电路基本相同，我们主要讲解第二个开关电源电路。

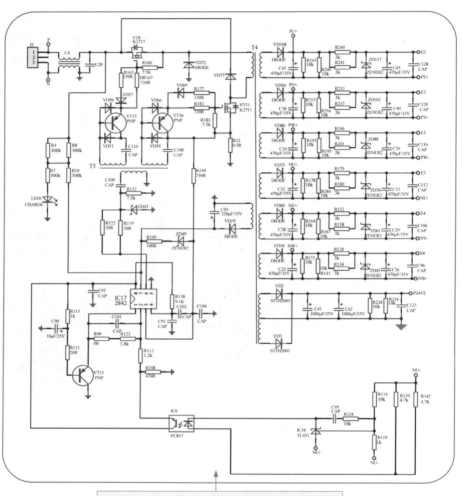

此开关电源电路结构与第二个开关电源电路图基本相同，其工作原理参考图。

图 4-24　大功率变频器开关电源电路

（1）PWM 控制器启动：当 530V 直流电压经启动电阻器 R5、R6 分压后，加到 PWM 控制器 IC12（2842）的第 7 引脚，为其提供启动电压。

（2）IC12 电源芯片启动后，其内部电路开始工作，第 6 引脚内部连接的 PWM 波形成电路产生振荡脉冲，并由第 6 引脚输出，经电阻器 R62、R64，再由电阻器 R51、稳压二极管 ZD20 消噪和正向限幅后，加到激励变压器 T1 的初级线圈产生感应电压。然后在 T1 的次级线圈产生感应电压，经过整流滤波后输出同相位的两路脉冲，同步驱动开关管 VT3 和 VT2。

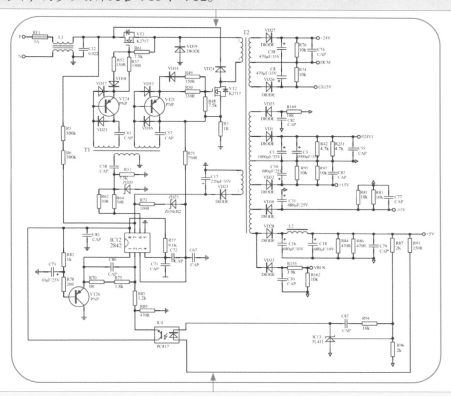

（3）当开关管 VT3 和 VT2 同时导通时，530V 输入电压全部加到开关变压器 T2 初级线圈上产生的感应电压，使二极管 VD24 和 VD19 截止。同时在开关变压器 T2 的 1-2 反馈绕组也感应出 1 正 2 负的正反馈电压，该电压经整流二极管 VD23、滤波电容器 C17 整流滤波后加到 IC12 芯片的第 7 引脚的 VCC 端，为 PWM 控制器提供自供电，取代启动电路维持电源正常振荡

（4）与此同时，在开关变压器 T2 次级线圈上感应的电压，通过整流二极管 VD27 和滤波电容器 C38 整流滤波后输出 24V 供电电压，与此同时在开关变压器 T2 中建立起磁化电流。

（5）当开关管 VT3 和 VT2 同时截止时，整流二极管 VD27 截止，此阶段为储能阶段，通过滤波电容器 C38 放电继续输出 24V 电压。开关变压器 T2 中的磁化电流则通过初级线圈、二极管 VD24 和 VD19 向 530V 输入电源释放而去磁，这样在下次两个开关管导通时不会损坏开关管。

图 4-24　大功率变频器开关电源电路（续）

变频器开关电源电路维修方法

由于开关电源通常工作在大电流、高电压、高温等环境中，因此其出现故障的概率很高。在变频器出现无显示或显示异常的故障后，通常重点检查开关电源电路的故障。本节将重点讲解维修变频器开关电源电路故障的方法。

4.4.1 易坏元器件检测

开关电源电路损坏的一个比较明显的现象就是变频器通电后无显示。开关电源电路中容易发生的损坏包括：

（1）开关管击穿；

（2）电流取样电阻器开路；

（3）脉冲变压器烧坏；

（4）次级输出整流二极管损坏；

（5）滤波电容器容量降低；

（6）PWM 芯片损坏；

（7）PWM 芯片启动电路电容器损坏。

在检测开关电源的故障时，可能会发现几个故障率较高的部件，如电容器、电阻器或开关管等。在检测开关电源电路故障时，经常需要逐一测量一些易坏部件，找到故障元器件。下面总结一些易坏元器件的检测方法。

1. 整流二极管好坏检测

整流二极管主要用于桥式整流电路和次级整流滤波电路中，当怀疑整流二极管有问题时，可通过测量整流二极管的压降或电阻值来判断好坏，如图4-25 所示。

二极管符号

（3）若测量的值为 0.6V 左右，说明整流二极管正常，否则说明损坏。

"SEL/REL"按键

（1）将数字万用表调到二极管挡。注意：有的万用表二极管挡和蜂鸣挡在一个挡位，需要用"SEL/REL"按键切换。调到二极管挡后，万用表的显示屏上会出现一个二极管的符号。

（2）将红表笔接二极管的正极，黑表笔接二极管的负极，测量压降。有灰白色环的一端为负极。

（4）测量快恢复二极管时，黑表笔接中间引脚，红表笔分别接两侧的引脚，测量压降值。正常为 0.4V 左右。

图 4-25　检测整流二极管

2. 整流堆好坏检测

在有些开关电源中采用整流堆，整流堆内部包含 4 个整流二极管，其好坏测量方法可通过测量整流堆引脚电压或测量整流堆内部二极管压降来判断，如图 4-26 所示。

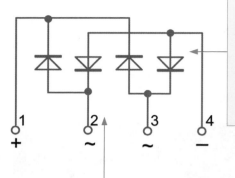

（1）将数字万用表调至二极管挡，将红表笔接整流堆的第 4 引脚，黑表笔分别接第 3 引脚和第 2 引脚，测量两个压降值；再将黑表笔接第 1 引脚，红表笔分别接第 3 引脚和第 2 引脚，再次测量两个压降值。如果 4 次测量的压降值均在 0.6V 左右，说明整流堆正常，有一组值不正常，则整流堆损坏。

整流堆内部结构

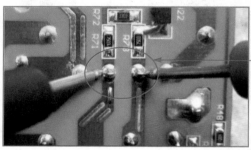

（2）用数字万用表的交流电压 750V 挡，黑表笔接整流堆的中间第 2 引脚，红表笔接整流堆的第 3 引脚，测量两脚间的电压，正常应该为 220V。如果此电压不正常，问题通常在前级电路。

（3）将数字万用表调到直流电压 1000 挡。红表笔接整流堆第 1 引脚（正极引脚），黑表笔接第 4 引脚（负极引脚），通电情况下测量电压，正常为 310V。如果第 2、3 引脚的 220V 交流电压正常，而此处的 310V 电压不正常，就是整流堆损坏。

图 4-26　整流堆好坏检测

3. 开关管好坏检测

在开关电源电路中，如果开关管损坏，电源就没有输出。开关管好坏检测方法如图 4-27 所示。

（1）开关管发生故障时，一般都是被击穿。因此可通过测量引脚间阻值来判断好坏。将数字万用表调到蜂鸣挡，然后用两支表笔分别测量三只引脚中的任意两只，如果测量的电阻值为 0，蜂鸣挡发出报警声，则说明开关管有问题。

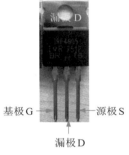

漏极 D

基极 G ——　—— 源极 S

漏极 D

（2）测量开关管源极（S）和漏极（D）之间的压降。将数字万用表调到二极管挡，然后红表笔接 S 极，黑表笔接漏极 D，测量压降。正常值为 0.6V 左右。如果压降不正常，则开关管损坏。

图 4-27　检测开关管

4．PWM 控制芯片好坏检测

PWM 控制芯片好坏检测方法如图 4-28 所示（以 UC3842 为例）。

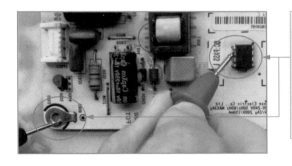

（1）判断开关电源的 PWM 芯片是否处在工作状态或已经损坏。判断方法为：加电测量 UC3842 的第 7 引脚（VCC 工作电源）和第 8 引脚（VREF 基准电压输出）对地电压，若测第 8 引脚有 +5V 电压，第 1、2、4、6 引脚也有不同的电压，则说明电路已起振，UC3842 基本正常。

图 4-28　测量 PWM 控制器好坏

（2）若第7引脚电压低（芯片启动后，第7引脚电压由第8引脚的恒流源提供），其余引脚无电压或不波动，则 UC3842 芯片可能损坏，也可能是启动电路中的滤波电容器损坏。断电的情况下，用万用表 20k 挡测量 UC3842 芯片第 6、7 引脚，第 5、7 引脚，第 1、7 引脚的阻值（一般在 10kΩ 左右）。如果阻值很小（几十欧）或为 0，则这几个引脚都对地击穿，更换 UC3842 芯片。如果芯片没有明显损坏故障，则重点测量滤波电容器是否被击穿。

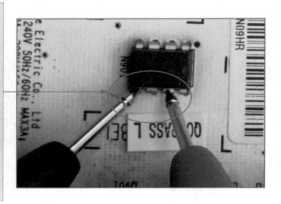

图 4-28　测量 PWM 控制器好坏（续）

5. 精密稳压器好坏检测

在稳压电路中精密稳压器有着非常重要的作用，如果损坏通常会造成输出电压不正常。精密稳压器好坏判断方法如图 4-29 所示（以 TL431 为例）。

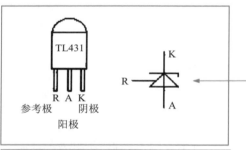

精密稳压器引脚

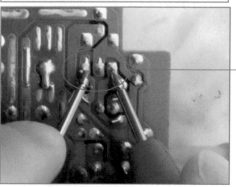

（1）将数字万用表调到 20k 挡，红表笔接精密稳压器的参考极 R，黑表笔接阴极 K，测量阻值，正常为无穷大；互换表笔测量阻值，正常为 11kΩ 左右。

图 4-29　测量精密稳压器

（2）将红表笔接精密稳压器阳极 A，黑表笔接阴极 K，测量阻值，正常为无穷大；互换表笔测量，阻值正常为 8kΩ 左右。

图 4-29 测量精密稳压器（续）

6. 光电耦合器好坏检测

光电耦合器是否出现故障，可以按照其内部二极管和三极管的正、反向电阻值来确定。图 4-30 所示为光电耦合器内部结构。

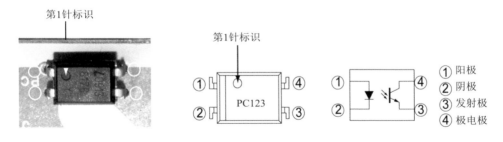

① 阳极
② 阴极
③ 发射极
④ 极电极

图 4-30 光电耦合器内部结构

使用指针万用表检测光电耦合器好坏的方法如下：

（1）首先将指针万用表调到 R×1k 电阻挡。

（2）两支表笔分别接在光电耦合器输出端的第 3、4 引脚，然后用一节 1.5V 的电池与另一只 50 ～ 100Ω 的电阻器串接，如图 4-31 所示。

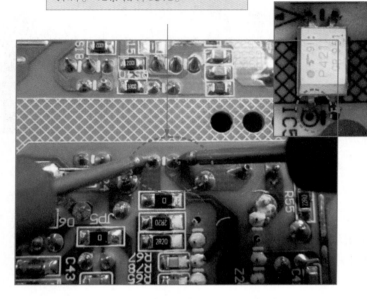

红表笔接光电耦合器的第3引脚，黑表笔接光电耦合器的第4引脚。观察指针变化。

光电耦合器的引脚中,有圆圈的为第1针脚标识。

图 4-31　检测光电耦合器

（3）串接完成后，电池的正端接光电耦合器的第 1 引脚，负极接第 2 引脚，观察万用表指针的偏转情况。

（4）如果指针摆动，说明光电耦合器是好的；如果不摆动说明已经损坏。万用表指针摆动偏转角度越大，说明光电转换灵敏度越高。

4.4.2　变频器通电无反应，显示面板无显示故障维修方法

当变频器出现通电后无反应，显示面板无显示，且 24V 和 10V 控制端子的电压为 0V 故障时，可以按照下面的方法进行检测。

（1）由于 24V 和 10V 控制端子的电压为 0，所以应先检查开关电源电路。首先检查主电路中的整流电路和逆变电路是否损坏，然后再通电检查变频器开关电源电路中的输入电压是否正常（530V 左右直流电压），如图 4-32 所示。

将数字万用表挡位调到 750V 直流电压挡，然后红表笔接 P（＋）端子，黑表笔接 N（－）端子，测量整流电路整流后的直流电压。如果输入电压为三相 380V，测量的电压正常应为 530V 左右；如果输入电压为两相 220V，测量的电压正常应为 310V 左右。注意：测完母线电压后，在检测开关电源电路中的元器件前，要对电容器进行放电处理。

图 4-32　测量直流母线电压

（2）检测开关电源电路。先用万用表的欧姆挡测量开关管有无击穿短路现象，如图 4-33 所示。如果开关管被击穿损坏，除了更换开关外，还要检测开关管 S 极连接的电流取样电阻器有无开路，因为开关管损坏后，电流取样电阻器会因受冲击而阻值变大或断路。另外，开关管 G 极串联的电阻器、PWM 芯片往往受强电冲击容易损坏，必须同时检测。除此之外，还要检查负载回路有无短路现象。

开关管发生故障时，一般都是被击穿。因此可通过测量引脚间阻值来判断好坏。将数字万用表调到蜂鸣挡，然后两支表笔分别测量三只引脚中的任意两只，如果测量的电阻值为 0，蜂鸣挡发出报警声，则说明开关管有问题。

图 4-33　检测开关管好坏

（3）如果开关管没有损坏，同时其 G 极串联的电阻器，S 极连接的电流取样电阻器均正常时，进一步检查开关电源电路中的振荡电路。首先在通电的情况下，检测 PWM 芯片的第 7 引脚启动电压是否正常，如图 4-34 所示。

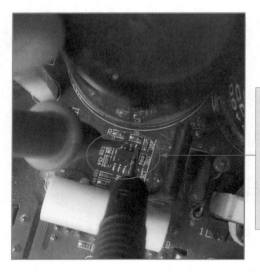

（1）将数字万用表调到直流电压 20V 挡，红表笔接 PWM 芯片（以 3844 为例）的第 7 引脚，黑表笔接第 5 引脚（接地脚）进行测量（正常应该为 16V）。
（2）如果启动电压不正常，接着检查启动电阻器有无断路，启动电阻器连接的滤波电容器是否损坏（击穿或电容量下降）。一般滤波电容器容量下降会导致 PWM 芯片启动电压下降。

图 4-34　测量 PWM 芯片启动电压

（4）如果 PWM 芯片第 7 引脚启动电压正常，接着测量 PWM 芯片第 8 引脚的电压，正常应该有 5V 直流电压，如图 4-35 所示。

（1）将数字万用表调到直流电压 20V 挡，红表笔接 PWM 芯片（以 3844 为例）的第 8 引脚，黑表笔接第 5 引脚（接地脚）进行测量（正常应该为 5V）。
（2）如果第 8 引脚电压正常，则说明 PWM 芯片开始工作了。
（3）如果第 8 引脚电压为 0，而第 7 引脚电压正常，说明 PWM 芯片没有工作，可能损坏了。

图 4-35　测量第 8 引脚的基准电压

（5）如果第 8 引脚的电压正常（5V 电压），接着再测量第 6 引脚输出电压，正常应该有几伏电压输出，如图 4-36 所示。

（1）如果第 6、8 引脚输出电压均正常，说明振荡电路基本正常，故障可能在稳压电路。
（2）如果第 6 引脚输出电压为 0V，则先检查第 4、8 引脚外接的电阻器和电容器等定时元件，以及第 6 引脚外围电路中的元器件。

图 4-36　测量 PWM 芯片输出电压

（6）如果第 8 引脚、第 6 引脚输出电压均为 0V，但第 7 引脚电压正常，PWM 芯片外围定时元器件也正常，则 PWM 芯片损坏，直接更换一个 PWM 芯片即可。

（7）检查稳压电路时，首先对 PWM 芯片（以 3844 为例）单独上电（将 16V 可调电源的红、黑接线柱接到第 7 引脚和第 5 引脚），然后短接稳压电路中光电耦合器的输入侧（如 PC817 的输入侧为第 1、2 引脚），如图 4-37 所示。

（1）如果振荡电路起振，说明故障在光电耦合器输入侧外围电路，重点检查外围电路中的精密稳压器、取样电阻器等元器件。
（2）如果振荡电路仍不起振，则故障可能在稳压电路中的光电耦合器的输出侧电路，重点检查光电耦合器输出侧连接的电阻器等元器件。

图 4-37　短接光电耦合器输入侧引脚

4.4.3 变频器开机听到打嗝声或"吱吱"声故障维修方法 ○——

如果变频器的负载电路出现异常，导致电源过载时（过电流故障），会引发过电流保护电路动作，从而会引起变频器的开关电源出现间歇振荡，发出打嗝声或"吱吱"声，或显示面板时亮时熄（闪烁）。

当变频器的输出电流异常上升时，会引起电源变压器的一次绕组励磁电流的大幅度上升，同时在开关管的 S 极连接的电流采样电阻器上形成 1V 以上的电压信号，促使 PWM 芯片内部电流检测保护电路开始工作，使第 6 引脚停止输出电压信号，振荡电路停止振荡，达到保护电路的目的；当开关管的 S 极电流采样电阻器上过电流信号消失后，PWM 芯片又开始输出电压信号，振荡电路重新开始工作，如此循环往复，开关电源就会出现间歇振荡现象。

变频器打嗝声或"吱吱"声故障维修方法如下：

（1）首先观察开关电源电路的输出电路中的大滤波电容器外观有无鼓包、漏液等明显损坏现象，如图 4-38 所示。

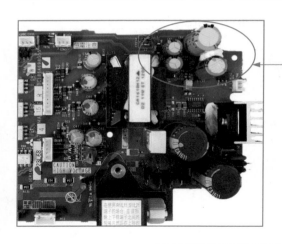

如果滤波电容器有损坏，直接更换同型号的电容器

图 4-38　检查明显损坏的元器件

（2）用数字万用表的蜂鸣挡测量开关电源输出电路中滤波电容器两端电阻值，如图 4-39 所示。

（1）如果电阻值为 0 或很小，说明电容器有短路直通现象，则可能输出电路中的整流二极管短路。
（2）滤波电容器容易老化（特别是那些使用时间较长的变频器），最好拆下这些电容器，测量一下电容量是否减少。

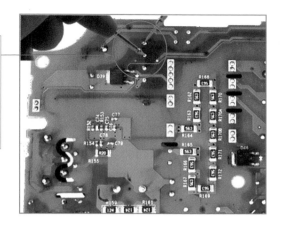

图 4-39　测量滤波电容器

（3）用数字万用表的二极管挡测量输出电路中整流二极管的管压降，来判断整流二极管的好坏，如图 4-40 所示。

整流二极管的正常管压降为 0.6V 左右，如果管压降为 0 或较低，或为无穷大，则整流二极管损坏，更换同型号的整流二极管即可。

图 4-40　检测整流二极管

（4）如果开关电源电路的输出电路无异常，则可能为负载电路有短路故障元件。可逐一排查各路负载供电。如拔下风扇供电端子后变频器工作变正常，则可判定 24V 散热风扇出现故障。

4.4.4　变频器输出直流电压过高故障维修方法

　　变频器输出电压过高或过低通常是由于稳压电路故障引起的，稳压电路的取样电阻器、光电耦合器、精密稳压器等元器件损坏或性能下降，会导致反馈电压幅度不足，造成输出电压过高或过低。

　　变频器输出直流电压过高故障维修方法如下：

　　（1）首先在稳压电路中的光电耦合器输出端并联一只 10kΩ 电阻器，然后开机测量输出电压。如图 4-41 所示。

光电耦合器、取样电阻器
（在电路板背面）等元器件

（1）在光电耦合器 IC3 的输出端（第 3、4 引脚端）并联一只 10kΩ 电阻器，然后开机测试输出电压。
（2）如果输出电压回落，说明光电耦合器 IC3 输出侧稳压电路正常（光电耦合器 IC3 第 3、4 引脚到 PWM 芯片之间的元器件正常），故障应该是光电耦合器 IC3 损坏或光电耦合器输入侧电路中的电阻器损坏（取样电阻器 R62、R63、R66、R67、R68 中有损坏的电阻器）。

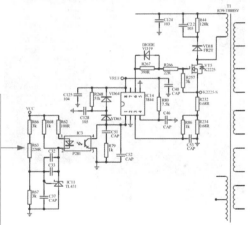

图 4-41　判断稳压电路故障点

（2）在光电耦合器第 1 引脚连接的取样电阻器（图 4-42 中的 R62）上并联一只 500Ω 电阻器，然后测量变频器的输出电压，如图 4-42 所示。

—— PWM 芯片、取样电阻器等元器件

（1）如果变频器输出电压有显著回落，说明光电耦合器是正常的，故障为精密稳压器 IC11 性能不良（更换同型号的芯片即可），或 IC11 外接电阻器 R67 损坏（阻值变小或断路）。
（2）如果变频器输出电压没有回落，说明光电耦合器 IC3 损坏，更换同型号的光电耦合器即可。

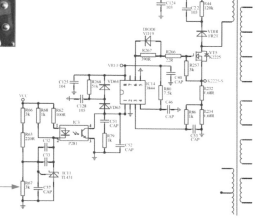

图 4-42　检测稳压电路

4.5　开关电源故障维修实战

4.5.1　变频器显示面板闪烁不开机故障维修

客户送来一台变频器，反映这台变频器通电后显示面板一直闪烁，无法开机。通常变频器显示面板闪烁的故障都是开关电源电路或负载（如散热风扇）短路引起的。

变频器显示面板闪烁不开机故障维修方法如图 4-43 所示。

（1）在通电之前，先检查一下整流电路及 IGBT 模块是否损坏。

（2）将数字万用表调到二极管挡，红表笔接直流母线的负极，黑表笔分别接 R、S、T 三个端子，测量三次，测量的值均为 0.42V 左右。然后再将黑表笔接直流母线的正极，红表笔分别接 R、S、T 三个端子，测量三次，测量的值也均为 0.42V 左右，说明整流电路中的整流二极管都正常。

（3）将红表笔接直流母线的负极，黑表笔分别接 U、V、W 三个端子，测量三次，测量的值均为 0.46V 左右，说明逆变电路中下臂的三个变频元器件都正常。然后将黑表笔接直流母线的正极，红表笔分别接 U、V、W 三个端子，测量三次，测量的值也均为 0.46V 左右，说明逆变电路上臂变频元器件都正常。

（4）拆开变频器的外壳，准备检查开关电源电路。

图 4-43　变频器显示面板闪烁不开机故障维修

直接通过外接直流电压供电

（5）拆下电路板之后，经观察未发现有明显损坏的元器件。之后给电源电路板外接 530V 直流电源，通电检查。发现此时显示面板显示正常了。

（6）由于拆下电路板之前，仅连接了散热风扇；而未连接散热风扇的情况下，变频器显示正常，因此怀疑是散热风扇问题引起的故障。

（7）将散热风扇的电源连接到可调电源进行测试。

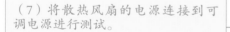

（8）经测试，发现其中一个散热风扇连接到可调电源后，电流指示灯亮起，说明风扇内部有短路故障。

图 4-43　变频器显示面板闪烁不开机故障维修（续）

（9）拆下并更换损坏的散热风扇。

（10）安装好变频器的电路板及外壳，给变频器连接 380V 电源，并连接负载，然后通电试机。变频器显示面板显示正常，负载工作也正常，变频器故障排除。

图 4-43　变频器显示面板闪烁不开机故障维修

4.5.2　变频器显示板不显示故障维修

　　一台故障变频器，客户反映通电后显示板无显示。通常情况下，该故障与开关电源或主电路都有关系。

　　变频器显示板不显示故障维修方法如图 4-44 所示。

（1）在通电检测前，先用万用表检测整流电路和 IGBT 模块是否有问题，防止通电后造成变频器电路二次损坏。

图 4-44　变频器显示板不显示故障维修

（2）将数字万用表调到二极管挡，检测整流二极管和逆变电路中上、下臂变频元器件，测量结果显示均正常。

（3）在确定 IGBT 模块和整流电路正常的情况下，给变频器通电进行测试。发现通电后，连接的灯泡亮了几下就熄灭了，显示板一直没有显示。判断故障可能在开关电源电路中。

（4）拆开变频器外壳，准备检测开关电源电路。

图 4-44　变频器显示板不显示故障维修（续）

（5）给变频器接上电源，准备测量开关电源电路中 PWM 芯片的启动电压。将数字万用表挡位调到直流电压 20V 挡，然后黑表笔接芯片第 5 引脚，红表笔接第 7 引脚。测量的电压约为 15.5V，正常应该为 16V。

（6）保持黑表笔不动，红表笔接芯片第 8 引脚。测量的电压约为 0V，正常应该为 5V，说明 PWM 芯片没有工作。由于上一步测量的启动电压偏低，怀疑是 PWM 芯片的供电电路中有元器件工作不良。根据经验，滤波电容器容量下降容易导致供电电压下降。

（7）将电源电路板拆下，进一步检查开关电源电路中的元器件。

图 4-44　变频器显示板不显示故障维修（续）

（8）用电烙铁将启动电路中的滤波电容器拆下，测量其电容量。

（9）经测量，启动电路中的滤波电容器电容量由 33 μF 下降到 13.59 μF，说明滤波电容器老化损坏。

（10）更换一只同型号的滤波电容器。

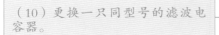

图 4-44　变频器显示板不显示故障维修（续）

（11）插好显示面板，通电测试，发现变频器可以正常显示了。

（12）在 IGBT 模块上涂抹散热硅脂，然后将变频器安装好。

（13）安装完毕后，通电并连接负载进行测试，变频器可以正常显示，且负载工作正常，故障排除。

图 4-44　变频器显示板不显示故障维修（续）

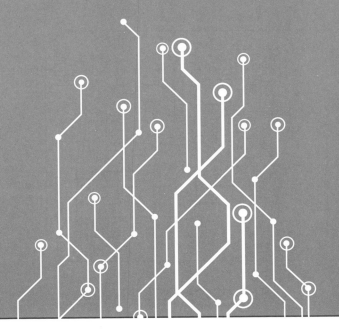

第 **5** 章

看图维修变频器驱动电路

变频器驱动电路的作用非常重要,它主要提供逆变电路的六路激励脉冲信号,如果出现故障将导致变频器无法正常输出工作电压。本章将重点讲解驱动电路的工作原理及维修方法。

5.1 看图识变频器驱动电路及电路图

变频器驱动电路的供电主要取自开关电源电路，因此驱动电路通常和开关电源电路设计在一张电路板中。另外，驱动电路用来驱动控制逆变电路中的 IGBT，因此驱动电路的电路板上通常会有 IGBT 模块。图 5-1 所示为变频器的驱动电路和电路图。

连接 CPU
控制电路
的接口

给驱动电路
供电的开关
电源电路

驱动电路中
的驱动芯片

驱动电路中的三极
管、二极管、电阻器、
电容器等元器件

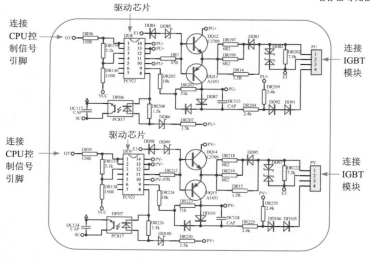

图 5-1 变频器的驱动电路和电路图

5.2 变频器驱动电路结构及工作原理

变频器驱动电路主要是将 CPU 送来的控制变频管的六路脉冲控制信号进行放大，转换为能驱动 IGBT 大功率变频管的电流与电压信号，然后送至逆变器电路中，驱动六只 IGBT 大功率变频管，使它按顺序处于导通和截止状态，将整流滤波电路送来的直流电压逆变为一定频率的交流电压，为电动机提供工作电压。本节将详细讲解变频器驱动电路的结构和工作原理。

5.2.1 变频器驱动电路的结构

变频器驱动电路主要由驱动芯片、放大电路等组成。变频器驱动电路的组成如图 5-2 所示。

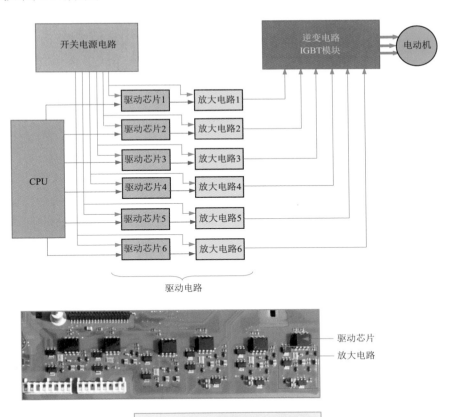

图 5-2 驱动电路的组成框图

5.2.2 变频器的驱动芯片

变频器驱动电路的核心元器件是驱动芯片，驱动芯片实质上是光电耦合器件的一种，它可以实现对输入、输出侧不同供电回路的隔离，还可以输出功率驱动信号来驱动 IBGT 模块。变频器中常见的驱动 IC 型号有 TLP250、HCPL3120、PC923、PC929、HCPL316J 等。其中，小功率变频器常采用 TLP250、HCPL3120（A3120）等驱动芯片，这些芯片不含 IGBT 保护电路。而 PC923、PC929 的组合驱动芯片应用比较广泛，PC929 驱动芯片内含 IGBT 检测保护电路，一般上三臂 IGBT 采用 PC923 驱动芯片，而下三臂 IGBT 则采用 PC929 驱动芯片。HCPL316J 驱动芯片是智能化程度较高的专用驱动芯片。

下面以 PC929、PC923 和 A316J（HCPL316J）为例来讲解驱动芯片的内部结构及工作原理。

1. PC929 驱动芯片内部结构及工作原理

图 5-3 和表 5-1 所示为 PC929 驱动芯片内部结构图和引脚功能。

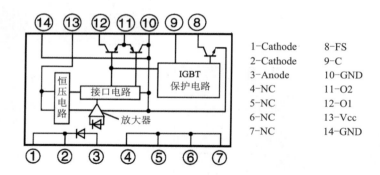

1—Cathode	8—FS
2—Cathode	9—C
3—Anode	10—GND
4—NC	11—O2
5—NC	12—O1
6—NC	13—Vcc
7—NC	14—GND

图 5-3　PC929 驱动芯片内部结构

表 5-1　PC929 驱动芯片引脚功能

引脚号	引脚名称	功能
1	Cathode	内部发光二极管阴极，接收来自 CPU 的控制信号，控制发光二极管发光的强弱，从而控制传送信号强弱和放大倍数
2	Cathode	内部发光二极管阴极，同上
3	Anode	内部发光二极管阳极，连接 5V 输入电压
4	NC	空脚
5	NC	空脚
6	NC	空脚

（续表）

引脚号	引脚名称	功能
7	NC	空脚
8	FS	芯片内保护控制管的集电极，为 OC 信号（过电压、过电流、短路）输出脚，连接 CPU 过电压、过电流检测电路
9	C	芯片内保护电路的控制连接端，第 9、10 引脚经外电路并联于 IGBT 的 C、E 极上。
10	GND	接地脚
11	O2	驱动信号输出端
12	O1	供电脚，一般应用中将第 13、12 引脚短接
13	Vcc	供电脚，为开关电源电路提供 14 ~ 18V 电压
14	GND	接地脚

PC929 驱动芯片工作原理（见图 5-4）如下：

（1）开关电源电路输出的供电电压(14 ~ 18V)经驱动芯片第 13、12 引脚送入芯片，经内部恒压电路稳压后给内部放大器供电。

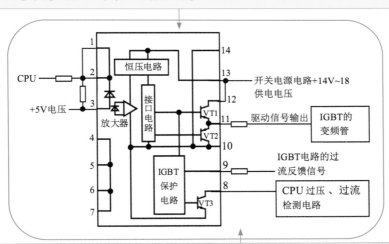

（2）在静态工作点建立后，由 CPU 送来的控制脉冲信号由第 2 引脚送入驱动芯片，当控制脉冲信号第 2 引脚电位低于第 3 引脚电位时，芯片内发光器导通，发射到光电耦合器上。光电接收器工作由运算放大器放大后经接口电路控制两个驱动管（VT1 和 VT2）交替工作，从第 11 引脚输出放大的驱动信号，用来驱动逆变电路中的变频管。

（3）芯片第 9 引脚为过电流反馈输入引脚，将过电流的电流反馈送入芯片内的保护电路。第 8 引脚连接 CPU 的过电压、过电流检测电路，由 CPU 监控驱动芯片的工作。

图 5-4　PC929 驱动芯片工作原理

2. PC923 驱动芯片内部结构及工作原理

图 5-5 和表 5-2 所示为 PC923 驱动芯片内部结构图和引脚功能。

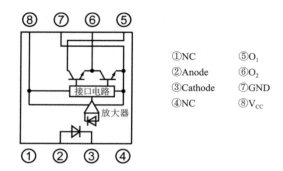

①NC   ⑤O_1
②Anode   ⑥O_2
③Cathode   ⑦GND
④NC   ⑧V_{CC}

图 5-5　PC923 驱动芯片内部结构

表 5-2　PC923 驱动芯片引脚功能

引脚号	引脚名称	功能
1	NC	空脚
2	Anode	内部发光二极管阳极，连接 5V 输入电压
3	Cathode	内部发光二极管阴极，接收来自 CPU 的控制信号，控制发光二极管发光的强弱，从而控制传送信号强弱和放大倍数
4	NC	空脚
5	O_1	供电脚，一般应用中将第 5、8 引脚短接
6	O_2	驱动信号输出端
7	GND	接地脚
8	Vcc	供电脚，为开关电源电路提供 14 ~ 18V 电压

PC923 驱动芯片工作原理（见图 5-6）如下：

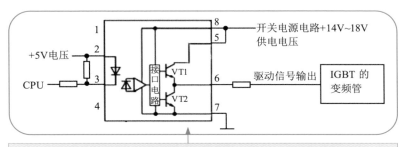

（1）开关电源电路输出的供电电压（14～18V）经驱动芯片第 8、5 引脚送入芯片，给内部放大器供电。

（2）在静态工作点建立后，由 CPU 送来的控制脉冲信号由第 3 引脚送入驱动芯片，当控制脉冲信号第 3 引脚电位低于第 2 引脚电位时，芯片内发光器导通，发射到光电耦合器上。光电接收器工作由运算放大器放大后经接口电路控制两个驱动管（VT1 和 VT2）交替工作，从第 6 引脚输出放大的驱动信号，用来驱动逆变电路中的变频管。

图 5-6　PC923 驱动芯片工作原理

3. A316J（HCPL316J）驱动芯片内部结构及工作原理

图 5-7 和表 5-3 所示为 A316J 驱动芯片内部结构和引脚功能。

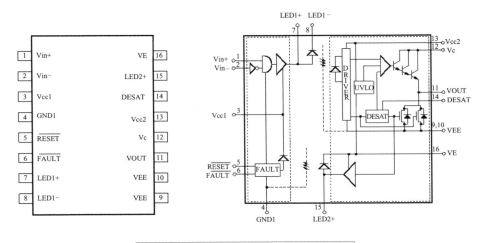

图 5-7　A316J 驱动芯片内部结构

表 5-3　A316J 驱动芯片引脚功能

引脚号	引脚名称	功能
1	Vin+	CPU 送来的正驱动脉冲信号输入端
2	Vin−	CPU 送来的负驱动脉冲信号输入端
3	Vcc1	5V 电源输入端
4	GND1	接地端
5	$\overline{\text{RESET}}$	复位引脚，接 CPU 送来的复位信号
6	$\overline{\text{FAULT}}$	故障检测端，检测 CPU 送来的故障信号
7	LED1+	内部发光器正端，一般为空脚
8	LED1−	内部发光器负端，一般接地
9	VEE	芯片的负端供电
10	VEE	芯片的负端供电
11	VOUT	驱动芯片输出的脉冲信号输出端
12	Vc	驱动芯片正电压供电，一般为 14 ～ 18V
13	Vcc2	驱动芯片正电压供电，一般为 14 ～ 18V
14	DESAT	过电流检测输入端
15	LED2	芯片内光电耦合器输入正脉冲供电端，一般为空脚
16	VE	内接发光器负端输出接地

A316J 驱动芯片工作原理如图 5-8 所示。

（1）开关变压器 T1 二次绕组上的感应电动势经整流二极管 D1 对电容器充得 22.2V 电压，该电压由电阻器 R1、稳压器 Z1 分成 15V 和 7.2V，以 R1、Z1 连接点为 0V，则 R1 上端电压为 +15V，Z1 下端电压为 −7.2V，+15V 送到 U1（A316J）驱动芯片的第 13、12 引脚作为输出电路的电源和正电压，−7.2V 电压送到 U1 驱动芯片的第 9、10 引脚作为输出电路的负压。U1 驱动芯片的左侧引脚为输入侧电路，右侧引脚为输出侧电路。无论是脉冲信号还是 OC 故障信号，都由内部光电器耦合器电路相隔离。

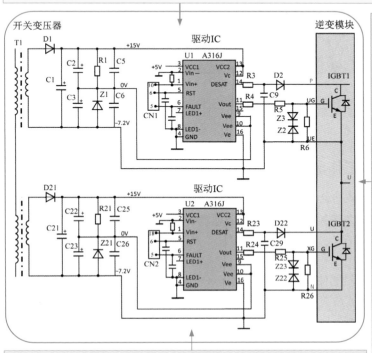

（2）U1 驱动芯片的输入侧供电为 +5V，由 CPU 来的正向脉冲信号输入到 U1 的第 3 引脚，经第 2 引脚到地形成输入信号通路；U1 本身可能产生的 OC 信号由第 5 引脚经 CN1 控制端子返回 CPU，从 CPU 来的复位控制信号也由 CN1 控制端子的第 6 引脚输入到 U1 的第 6 引脚。整个驱动电路中的六块驱动芯片的 OC 信号和复位信号端是并联的，即检测到任一臂 IGBT 有过电流故障时，都将 OC 故障信号输入到 CPU；而从 CPU 来的故障复位信号，也同时加到 6 块 U1 芯片的第 6 引脚，将整个驱动电路一同复位。

（3）变频器正常工作时，控制端子 CN1 直接与 CPU 脉冲输出引脚相连，CPU 会送 U+ 相脉冲信号到 U1 驱动芯片的第 1 引脚，当脉冲高电平送入时，U1 的第 12、11 引脚内部的复合三极管导通，+15V 电压经 U1 的第 12 引脚→U1 内部三极管→U1 的第 11 引脚→R5→上桥臂 IGBT1 的 G 极，IGBT1 的 E 极接 Z1 的负极，E 极电压为 0V，故上桥臂 IGBT1 因 G 极电压为正电压而导通。

（4）当 U+ 脉冲低电平送入 U1 的第 1 引脚时，U1 的第 11、9 引脚内部的 MOS 管导通，−7.2V 电压经 U1 的第 9 引脚→内部 MOS 管→U1 的第 11 引脚→R5→上桥臂 IGBT1 的 G 极，IGBT 的 E 极接 Z1 的负极，E 极电压为 0V，故上桥臂的 IGBT 因 G 极电压为负电压而截止。

（5）下桥臂驱动电路工作原理与上桥臂相同，不再赘述。

图 5-8　A316J 驱动芯片工作原理

图 5-8 A316J 驱动芯片工作原理（续）

5.2.3 驱动电路工作原理

变频器驱动电路的供电主要取自开关电源电路，大功率变频器通常会有专门为驱动电路供电的开关电源电路。变频器驱动电路需要的工作电压主要有 +14V、+15V、+18V、+27V、+29V、−7.5V、−10V 等，其中 +15V 和 +18V 比较常见。

上面讲到，在变频器中驱动芯片 PC923 和 PC929 应用最广，通常成对使用，下面以这两个芯片为例讲解驱动电路的工作原理。图 5-9 所示为驱动电路驱动原理。

图 5-9 的电路图中，开关电源输出的 PU+（+18V 左右）直流电压不但给 PC923（IC2）驱动芯片的第 5、8 引脚供电，也给外接驱动管 VT3 与 VT4 供电。开关电源电路输出的另一路 NU+（+18V 左右）直流电压不但给 PC929（IC3）驱动芯片的第 12、13 引脚供电，也给外接驱动管 VT5 与 VT6 供电。开关电源电路输出的 +5V 直流电压经过恒流电路处理为 VCC 后，给 PC923 驱动芯片的第 2 引脚与 PC929 驱动芯片的第 3 引脚供电，作为内部发光二极管的待机电压。

在驱动芯片与外加驱动管 VT3、VT4、VT5、VT6 等电路都供电后，静态工作点就建立了，于是从主板 CPU 来的控制脉冲信号分别送入驱动芯片 PC923 的第 3 引脚与驱动芯片 PC929 的第 2 引脚。其中，G1′ 控制信号经电阻器 R19 加到 PC923 的第 3 引脚，G2′ 控制信号经电阻器 R29 加到 PC929 的第 2 引脚。

（1）当驱动芯片 PC923 和 PC929 获得工作电压和 CPU 输送的控制脉冲信号后，PC923 的第 6 引脚就会输出驱动信号。此信号经电阻器 R21 后送入到驱动管 VT3 和 VT4 的基极。当控制信号为高电平时，驱动管 VT3 导通，驱动管 VT4 截止，PU+ 电压经 VT3 输出高电平驱动信号，经电阻器 R23 后加到 IGBT1 的 G 极，驱动 IGBT1 导通。当控制信号为低电平时，驱动管 VT4 导通，驱动管 VT3 截止，IGBT1 的 G 极电压被拉低，由于 PU- 为负压，因此 IGBT1 变频管被迅速截止。驱动管 VT3 与驱动管 VT4 交替导通，使变频管 IGBT1 也不断工作在导通与截止状态。

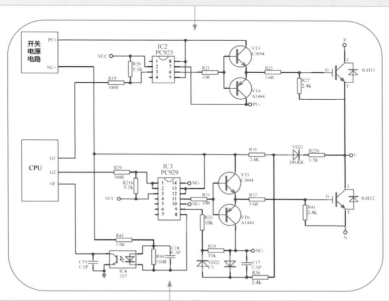

（2）驱动芯片 PC929 工作时，从其第 11 引脚输出控制信号，经电阻器 R31 后送入到驱动管 VT5 和 VT6 的基极。当控制信号高电平时，驱动管 VT5 导通，驱动管 VT6 截止；当控制信号低电平时，驱动管 VT6 导通，驱动管 VT5 截止，驱动管 VT5 与驱动管 VT6 交替导通，向后级电路输出放大的驱动信号。此驱动信号经电阻器 R37 送入变频管 IGBT2 的基极 G，控制变频管 IGBT2 不断工作在导通与截止状态。

PC929 驱动芯片 ——　　　　　　　　　—— 驱动管 Q5 和 Q6

PC923 驱动芯片 ——　　　　　　　　　—— 驱动管 Q3 和 Q4

图 5-9　驱动电路驱动原理

图 5-10 中，驱动芯片 PC929 内部包含 IGBT 保护电路（驱动电路保护电路），它由 PC929 第 9 引脚内部电路、电阻器 R33、电阻器 R34、二极管 VD22、电阻器 R36、电阻器 R35、二极管 VD21、电阻器 R220 等元器件组成。二极管 VD21 的负极连接到 IGBT2 的 C 极，PC929 在发送激励脉冲的同时，内部模块检测电路与外电路配合，检测 IGBT2 的管压降。

当 ICBT2 正常导通期间，忽略 IGBT2 的导通压降，U 点与 N 点电压应是等电位的，N 点与该路驱动电源的零电位点为同一条线。

（1）驱动芯片正常工作时，二极管 VD21 正向导通，PC929 的第 9 引脚无故障信号输入，第 8 引脚（IGBT 模块 OC 信号输出脚）为高电平状态。当变频器的负载电路异常或 IGBT2 故障时（严重过电流或开路性损坏），会使 IGBT2 的管压降超过 7V，U、N 之间高电压差会使二极管 VD21 反偏截止。此时 NU+ 电压经电阻器 R35、电阻器 R36、二极管 VD22、电阻器 R33 输入到 PC929 的第 9 引脚，使该引脚连接的内部 IGBT 保护电路开始工作，对 IGBT2 进行强行软关断。

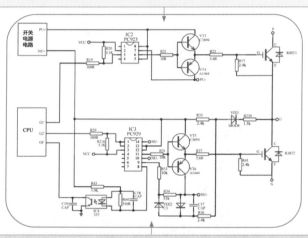

（2）同时 PC929 第 8 引脚连接的内部三极管导通，NU+ 电压经过电阻器 R43 流过光耦合器 IC4 内部发光二极管，为 IC4 提供输入电流，使其开始工作，然后通过 CPU 的 GF 引脚向 CPU 发送 OC 信号（过压、过流、短路信号），然后 CPU 停止向驱动芯片发送控制信号，使驱动电路停止工作，起到保护的作用。IGBT 模块管压降检测电路中的二极管 VD22 和电容器 C17 组成了消噪电路，用来避免负噪声干扰引起误码保护动作。

PC929 驱动芯片 ——  —— 保护电路中的元器件

图 5-10　驱动电路保护电路工作原理

5.3 变频器驱动电路维修方法

在变频器故障中，驱动电路的故障率较高，约占变频器故障的 70%。驱动电路故障的处理思路是按照原理图，对每组驱动电路逐级逆向检查、测量、替代、比较来寻找故障点。

5.3.1 变频器驱动电路故障分析

当变频器主电路中滤波电路中的滤波电容器损坏，或 IGBT 模块损坏时，通常会导致驱动电路同时损坏，所以应同时对驱动电路进行检修。

变频器驱动电路会出现如下故障现象：

（1）变频器 U、V、W 三端无输出（输出电压为 0）；

（2）变频器 U、V、W 三端输出的三相电压不平衡；

（3）变频器上电后，接收启动信号后显示 OC（过电流）或 SC（短路）故障代码；

（4）变频器上电后，接收启动信号后显示 GF（接地故障）故障代码；

（5）变频器上电后，未接收到启动信号，变频器在系统自检结束后，报出 OC 故障代码；

（6）变频器上电后，出现死机故障；

（7）变频器上电后，输出端子无电压输出，但没有报错误代码；

（8）变频器上电后，自检正常，空载运行也正常，但加负载运行时，出现电动机振动、输出电压不稳定、频跳 OC 故障。

造成驱动电路故障的原因可能是驱动电路中的驱动芯片供电电压异常、驱动芯片损坏或性能不良、二极管击穿短路、电阻器断路、电容器被击穿短路或电容器容量下降等。

5.3.2 驱动电路故障检测维修方法

驱动电路故障检测维修方法如图 5-11 所示。

提示：在维修完驱动电路后，将 IGBT 模块连接到驱动电路前，最好先连接串联一个灯泡或一个功率大一点的电阻器测试一下电路好坏，在确保 100% 正常的情况下，再将 IGBT 模块接入，否则有可能会由于没有完全修复故障导致 IGBT 烧坏。

（1）检修驱动电路时，先拆下 IGBT 模块，然后用指针万用表电阻挡（R×1k 挡）测量驱动电路中的六路分支驱动电路的 G、E 端之间的阻值。正常情况下，驱动上臂变频管的驱动电路基本一致，驱动下臂变频管的驱动电路基本一致（注意：三菱、富士等变频器的驱动电路六路分支驱动电路阻值不相同）。

（2）如果阻值都基本相同，则通电用数字万用表测量六路分支驱动电路的 G、E 端之间的直流电压，正常应为负几伏。

（3）如果该电压不正常，就逐一检查驱动电路中的二极管、电阻器、电容器等元器件是否损坏，以及驱动芯片的总供电电压是否正常。总供电电压若为 0，则开关电源电路有故障；如果总供电电压很低，先断开芯片供电端，测开关电源的空载电压，如果空载电压正常，则可能是各驱动芯片内电阻值减小，拉低了芯片总供电电压。

（4）如果以上测量均正常，再用示波器检查各驱动电路输出的波形是否正常。

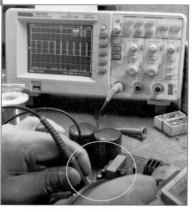

图 5-11　驱动电路故障检测维修方法

5.3.3　通过测量阻值来判断驱动电路好坏

在判断驱动电路是否正常时，可以用指针万用表测量 IGBT 模块上桥三只变频管的驱动信号的 G、E 引脚之间阻值是否相同，下桥三只变频管的驱动信号的 G、N 引脚之间阻值是否相同，以此来判断驱动电路是否有问题，如图 5-12 所示。

调零旋钮

（1）将指针万用表的挡位调到 R×1k 挡，然后短接两支表笔，并旋转调零旋钮，将指针调到 0 刻度位置。

（2）将 IGBT 模块拆下，将红表笔接在电路板上 IGBT 模块安装孔中，即为 U 相中上桥部分变频管提供驱动信号的 GU 引脚孔上，黑表笔接在 EU 引脚孔上，测量其阻值。可以看到阻值约为 9kΩ。

（3）红表笔接为 V 相中上桥部分变频管提供驱动信号的 GV 引脚孔上，黑表笔接在 EV 引脚孔上，测量其阻值。可以看到阻值约为 9kΩ。

（4）再将红表笔接为 W 相中上桥部分变频管提供驱动信号的 GW 引脚孔上，黑表笔接在 EW 引脚孔上，测量其阻值。可以看到阻值约为 9kΩ。

图 5-12　用指针万用表判断驱动电路好坏

（5）测量为下桥变频管提供驱动信号的 G、N 引脚间的阻值（注意：下桥变频管共用一个 N 引脚）。红表笔接在为 U 相下桥部分变频管提供驱动信号的 GX 引脚孔上，黑表笔接在 N 引脚孔上，测量其阻值。可以看到阻值约为 9kΩ。

（6）将红表笔接在为 V 相下桥部分变频管提供驱动信号的 GY 引脚孔上，黑表笔接在 N 引脚孔上，测量其阻值。可以看到阻值约为 9kΩ。

（7）将红表笔接在为 W 相下桥部分变频管提供驱动信号的 GZ 引脚孔上，黑表笔接在 N 引脚孔上，测量其阻值。可以看到阻值约为 9kΩ。

测量结论：由于上、下桥部分驱动信号的阻值基本相同，说明该变频器驱动电路正常。如果哪路驱动电路的阻值异常，就说明此路驱动电路中有损坏的元器件，重点检查其中的稳压二极管、电阻器、电容器等元器件。

图 5-12　用指针万用表判断驱动电路好坏（续）

5.3.4　通过测量电压来判断驱动电路好坏

判断驱动电路是否存在故障时，在测量驱动电路 G、E 之间静态阻值均正常的情况下（需要先拆了 IGBT 模块），可以给电路板通电（530V 直流电压），然后进一步测量驱动电路 G、E 之间的负压，以此来判断驱动电路是否还有问题，具体方法如图 5-13 所示。

（1）将数字万用表调到直流电压 20V 挡，然后将红表笔接在为 U 相中上桥部分变频管提供驱动信号的 GU 引脚孔上，黑表笔接在 EU 引脚孔上，测量其电压。可以看到测量的值为 −7.56V。

（2）将红表笔接在为 V 相中上桥部分变频管提供驱动信号的 GV 引脚孔上，黑表笔接在 EV 引脚孔上，测量其电压。可以看到测量的值为 −7.56V。

（3）将红表笔接在为 W 相中上桥部分变频管提供驱动信号的 GW 引脚孔上，黑表笔接在 EW 引脚孔上，测量其电压。可以看到测量的值为 −7.46V。由于驱动上臂中三只变频管的驱动信号负压基本一致，可以判断，这三路驱动电路正常。

（4）接下来测量为下桥变频管提供驱动信号的 G、N 引脚间的负压。将红表笔接在为 U 相下桥部分变频管提供驱动信号的 GX 引脚孔上，黑表笔接在 N 引脚孔上，测量其电压。可以看到电压为 7.12V。

图 5-13　通过测量电压来判断驱动电路好坏

（5）将红表笔接在为 V 相下桥部分变频管提供驱动信号的 GY 引脚孔上，黑表笔接在 N 引脚孔上，测量其电压。可以看到测量的电压为 0.294V。该电压不正常，说明此路驱动电路有故障元器件。

（6）将红表笔接在为 W 相下桥部分变频管提供驱动信号的 GZ 引脚孔上，黑表笔接在 N 引脚孔上，测量其电压。可以看到测量的电压为 7.1V。

测量结论：由于上桥部分驱动信号的电压基本相同，说明驱动 IGBT 模块上桥部分的驱动电路正常，而下桥部分驱动信号的电压有一路与其他两路不同，说明驱动 IGBT 模块下桥部分的驱动电路有一路有故障。重点检查该路驱动电路中的稳压二极管、电阻器、电容器等元器件。

图 5-13　通过测量电压来判断驱动电路好坏（续）

5.3.5　通过测量波形来判断驱动电路好坏

前面我们讲到了通过测量阻值和电压来判断驱动电路的好坏，但这两种方法还不能完全判断驱动电路就是好的，对于驱动电路中有些元器件性能下降而导致的变频器问题，我们还需要通过测量驱动电路的输出波形来判断其好坏。

通过波形来判断驱动电路好坏的方法如图 5-14 所示。

（1）首先拆下 IGBT 模块，用万用表检测驱动电路 G、E 之间的阻值，在阻值都正常的情况下，可以给电源电路板接 530V 直流电压，然后在通电不开机的情况下，通过测量各路驱动电路 G、E 之间的波形来判断驱动电路是否正常。之后在开机的情况下，测量各路驱动电路的波形来判断驱动电路是否正常。

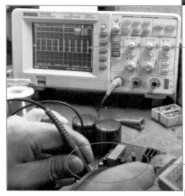

（2）将示波器的正表笔接在电路板上为 U 相中上桥部分变频管提供驱动信号的 GU 引脚孔上，负表笔接在 EU 引脚孔上，测量其波形。可以看到测量出的波形为矩形。

（3）将正负表笔接其他相驱动电路的 G、E 引脚，测量其波形。如果测量的波形为一根线或非矩形波，或波形与其他路驱动电路波形不一致，则说明此路驱动电路中的元器件有损坏或性能不良。如果无法直接判断出元器件的好坏，可以采用替换法来找出故障元器件。

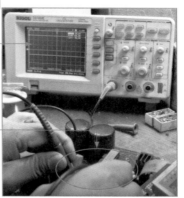

图 5-14 　通过波形来判断驱动电路好坏的方法

5.3.6　检测中屏蔽过电流报警及温度异常报警的方法

　　在检测驱动电路的过程中，如果想通电开机进行检测，但开机后变频器报过电流故障而无法正常开机，导致无法进一步检测驱动电路。当出现这种情况时，可以按图 5-15 所示的方法进行处理。

故障原因：对于有独立电流检测电路的电源电路板，由于电流检测电路的供电电路经过 IGBT 模块内部电路（供电的负极端经过），当拆除 IGBT 模块后，电流检测电路的供电会受影响，从而导致开机检测时出现过电流错误提示。

解决方法：用导线将 IGBT 模块引脚中的 GU 引脚与 U 引脚相连，GV 引脚与 V 引脚相连，GW 引脚与 W 引脚相连（如果是两相供电，就短接两相）。

电流检测电路

故障原因：对于有温度检测电路的电源电路板，由于热敏电阻器没有连接，会导致开机检测时出现温度保护错误提示。

解决方法：在温控插座上连接一个 10kΩ 左右的电阻器来模拟热敏电阻器，这样就可以屏蔽温度保护错误提示。

故障原因：对于采用 A316J 驱动芯片的电阻电路，由于该芯片内置电流检测电路，在拆除 IGBT 模块后通电开机时，会提示过电流（OC）错误。

解决方法：将 A316J 芯片的第 14 引脚和第 16 引脚短接，这样就可以屏蔽报过电流的错误提示。

图 5-15　屏蔽过电流及温度异常报警的方法

5.4 驱动电路故障维修实战

5.4.1 变频器运行报 OC1 过电流故障维修

一台故障变频器，客户说变频器可以通电开机，但一按运行按钮报 OC1 过电流故障。根据故障现象分析，变频器中整流电路、IGBT 模块应该正常，故障可能是电流检测电路或驱动电路异常引起的。

变频器运行报 OC1 过电流故障维修方法如图 5-16 所示。

（1）为保险起见，给变频器通电开机前，应先对变频器的整流电路和 IGBT 模块进行初步检查，防止直接开机烧坏 IGBT 模块。

（2）拆开变频器外壳，将数字万用表调到二极管挡，检测直流母线正负极与三个端子之间的电压，测量的值均为 0.52V 左右，说明整流电路中整流二极管都正常。

图 5-16　变频器运行报 OC1 过电流故障维修

（3）将红表笔接直流母线的负极，黑表笔分别接U、V、W三个端子，测量三次，测量的值均为0.33V左右，说明递变电路中下臂的三个变频元器件都正常。然后将黑表笔接直流母线的正极，红表笔分别接U、V、W三个端子，测量三次，测量的值也均为0.33V左右，说明递变电路上臂变频元器件都正常。

（4）给变频器通电开机，发现变频器开机正常，未出现错误报警。

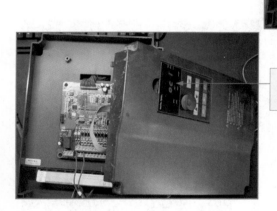

（5）按运行按钮，发现变频器出现OC1（过电流）错误报警。

图 5-16　变频器运行报 OC1 过电流故障维修（续）

（6）准备检查电源电路板，将变频器外壳拆开，并拆下主板等电路板。

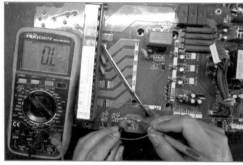

（7）先检查电流检测电路的供电电压，然后检查电路中主要的元器件。未发现明显损坏，初步判断电流检测电路正常。

（8）准备检查驱动电路，为了保险起见，先把 IGBT 模块拆下来，防止在通电检测时烧坏模块。

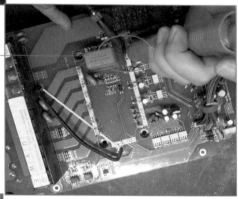

（9）先检测各支路驱动电路中 G、E 之间的阻值，看驱动上臂的三个支路 G、E 间阻值是否一致，驱动下臂的三支支路 G、E 间阻值是否一致。

图 5-16　变频器运行报 OC1 过电流故障维修（续）

（10）检测中发现有一个驱动电路支路的阻值较低，不正常。

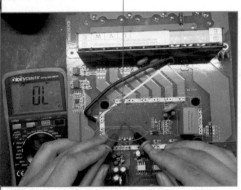

（11）接着检测此驱动电路支路中的元器件，发现有两只二极管损坏。

（12）更换同型号的二极管后，重新测量此驱动电路支路 G、E 间的阻值，测量的阻值变正常了。

图 5-16　变频器运行报 OC1 过电流故障维修（续）

（13）将 IGBT 模块重新焊接回电路板中，准备试机。

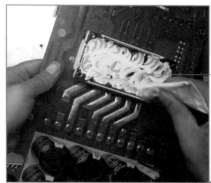

（14）在 IGBT 模块上涂抹散热硅脂，并安装好变频器的电路板。

（15）在变频器上连接负载，然后通电开机，未出现错误报警。接着启动运行，也未出现过电流报警，再调整运行频率，负载正常工作，变频器工作正常，故障排除。

图 5-16　变频器运行报 OC1 过电流故障维修（续）

5.4.2 变频器开机运行缺相故障维修

客户的一台变频器可以通电开机启动，但由于输出缺相，电动机无法运转。由于变频器可以开机启动，面板有显示，所以可以排除整流电路和开关电源电路问题，而缺相故障一般由逆变电路或驱动电路异常引起，因此重点检查这两个电路。

变频器开机运行缺相故障维修方法如图 5-17 所示。

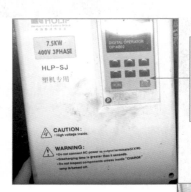

（1）为保险起见，在通电开机检测前，都应先对变频器的整流电路和 IGBT 模块进行初步检查，以防直接开机烧坏 IGBT 模块。

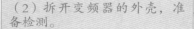

（2）拆开变频器的外壳，准备检测。

（3）将数字万用表调到二极管挡，检测整流二极管和逆变电路中上、下臂变频元件，测量结果显示均正常。

图 5-17 变频器开机运行缺相故障维修方法（续）

（4）重新装好显示面板，然后给变频器通电，开机启动，发现开机启动正常。

（5）测量变频器的输出电压，发现 U 相输出电压为 0，其他两相正常，故障为缺相故障。

（6）拆下变频器的显示面板和主板，准备测量电源电路板。

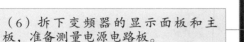

图 5-17　变频器开机运行缺相故障维修方法（续）

（7）为保险起见，先把IGBT模块拆下来，防止在通电检测时烧坏模块。

（8）用指针万用表R×1k挡测量模块内部各个变频管的阻值。测量后发现上臂中三个变频管阻值一致，下臂中三个变频管阻值一致。

（9）检测各支路驱动电路中G、E之间的阻值，看驱动上臂和下臂的三个支路G、E间阻值是否一致。经检查各支路驱动电路的阻值基本一致。

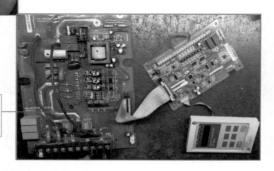

（10）给电源电路板接530V直流电压，准备通电测量。

图5-17　变频器开机运行缺相故障维修方法（续）

（11）通电后，按键开机运行变频器，用万用表直流电压 20V 挡测量各驱动电路支路的 G、E 之间电压。经检测，发现 U 相驱动电路支路 G、E 间电压为 0，不正常。检查此支路中的二极管、电阻器和电容器均正常，怀疑驱动芯片损坏。

（12）用同型号的驱动芯片替换怀疑损坏的驱动芯片。

（13）换好芯片后，再次给电路板接 530V 直流电压，并开机启动。然后用万用表直流电压 20V 挡测量更换驱动芯片的驱动电路支路 G、E 之间电压。发现电压为 −7.5V，电压正常了。

（14）将 IGBT 模块装好，准备在有模块的情况下进行测试。

图 5-17　变频器开机运行缺相故障维修方法（续）

（15）装好模块后，给电路板通电，然后开机启动，未发现错误报警。用万用表测量输出端 U、V、W 端输出电压。输出电压均正常且三相平衡。

（16）装好变频器的外壳，并连接上负载电动机，然后给变频器通电，开机启动测试，发现变频器开机启动正常，电动机运转正常，调整频率运转也正常，故障排除。

图 5-17　变频器开机运行缺相故障维修方法（续）

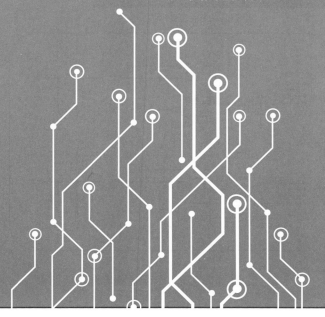

第**6**章

看图维修变频器电流/
电压检测电路

变频器的电流/电压检测电路非常重要，它用
来监控电路的各种参数，保护 IGBT 模块及电路的
安全。如果这部分电路出现故障将导致变频器无法
正常工作甚至会损坏元器件。本章将重点讲解电流/
电压检测电路的工作原理及维修方法。

看图识变频器电流／电压检测电路及电路图

在变频器的电路中，通常会专门设计故障检测电路来监测电路中的电流、电压及温度等参数，在出现危险状况时，对主电路、IGBT 模块、开关电源电路等采取保护措施。电流／电压检测电路通常和主电路等设计在同一块电路板中。图 6-1 所示为变频器的电流／电压检测电路和电路图。

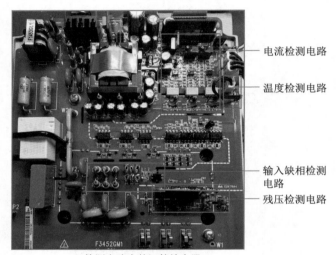

电流检测电路

温度检测电路

输入缺相检测电路

残压检测电路

检测电路中的运算放大器

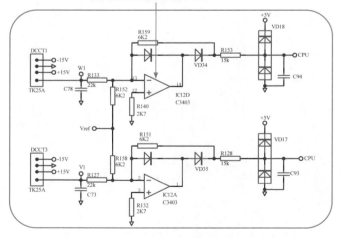

图 6-1　变频器的电流／电压检测电路和电路图

6.2 变频器电流检测电路结构及工作原理

变频器在工作时，会通过电流检测电路来监控电路，获得危险信息。当变频器面临异常工作状态时，变频器会自动采取停机或其他保护措施，尽最大可能保护 IGBT 模块等元器件的安全。那么电流检测电路如何工作的呢？

6.2.1 变频器电流检测常用方法

变频器对电流信号的检测一方面用于变频器转矩和电流控制，另一方面用于电路中的过电流保护。变频器的电流检测主要采用以下三种方法。

1. 直接串联取样电阻法

直接串联取样电阻的方法是在变频器输出电路中串联低阻值、低感抗、高精度的采样电阻器进行采样，把得到的电压信号经线性光电耦隔离、放大后送到 CPU，经 CPU 内部电路处理对变频器进行保护。

直接串联取样电阻法简单、可靠、不失真、速度快，但是有损耗，不隔离，多用于功率只有几千瓦的小容量变频器中。

2. 电流互感器法

电流互感器方法损耗小，与主电路隔离，使用方便、灵活、便宜，但线性度较低，工作频带窄（主要用来测工频），且有一定滞后，多用于高压大电流的场合。电流互感器检测后要通过二极管整流，然后再用取样电阻器取样。

3. 霍尔电流传感器法

在 IGBT 模块输出电流检测电路中，有些变频器采用霍尔电流传感器来采样 IGBT 模块的输出电流。霍尔电流传感器是应用霍尔效应原理的新一代电流传感器，能在电隔离条件下测量直流、交流、脉动以及各种不规则波形的电流。霍尔电流传感器方法具有精度高、线性好、频带宽、响应快、过载能力强和不损失测量电路能量等优点。

6.2.2 小功率变频器电流检测电路工作原理

变频器中电流检测电路有多种形式，有一些小功率的变频器会采用采样电阻器来采样 IGBT 模块的电流信号，将电流信号转化为毫伏级电压信号，然后经过光电耦合器和运算放大器放大后，输出给 CPU 控制电路，这就是我们前面讲到的直接串联取样电阻法。图 6-2 所示为小功率变频器电流检测电路。

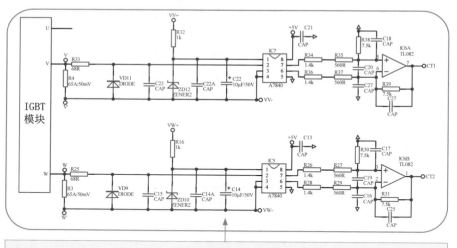

图中，在 V、W 输出电路中直接串接 R33、R25 电流采样电阻器，电阻器上的电压信号被引入 IC7、IC5（A7840）光电耦合器的信号输入端（第 2 引脚）。然后由 IC7、IC5 进行光电隔离和线性传输，放大 8 倍后由第 7 引脚输出，再经 IC6（TL082）运算放大器进行放大后，送后级电流检测与保护电路进一步处理，之后送入 CPU 控制电路。CPU 处理后发出控制让变频器停机，并发出故障报警。

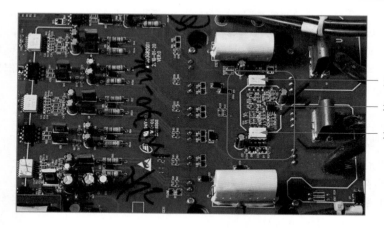

光电耦合器

运电算放大器

光电耦合器

图 6-2 小功率变频器电流检测电路

6.2.3　霍尔电流传感器组成的电流检测电路工作原理

　　大部分的变频器多采用霍尔电流传感器检测 IGBT 模块的电流。它是利用输出导线穿过传感器产生的磁场大小来测定电流大小，霍尔电流传感器输出一个与电流成正比的电压或电流信号，信号再送 CPU 控制电路处理。图 6-3 和图 6-4 所示为两个采用霍尔电流传感器的电流检测电路。

　　（1）CT1、CT2、CT3 为 3 只霍尔电流互感器，它们串接于 IGBT 模块三相输出电流回路，输出三路代表输出电流大小的交流电压信号。IC15（C4744）为运算放大器，其内部包括 4 组放大器。IC22（C4742）为运算放大器，其内部包括 2 组放大器。IC31（393）为运算放大器，其内部包括 2 组放大器。
　　（2）IC15 的三组放大器与外围元件构成了三路精密半波整流器，将从 IGBT 模块输入的三相交流电压信号的负半波倒相整流成正电压信号，输入到由 IC15 内部第 4 组运算放大器构成的反相放大器的输入端，输出负的全电流信号。

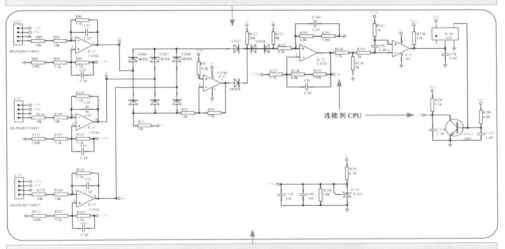

连接到 CPU →

　　（3）IC15 实际构成了三相半波整流电路，整流信号实质上为 3 个电压波头的脉动直流信号，含有 U、V、W 三相输出电流的信息。此信号经二极管 D35、D38 和电阻器 R135 后输入 IC22 的第 3 引脚，IC22 构成了一个电压整形电路，输出的信号被送入 CPU 的第 36 引脚。CPU 内部计数电路（程序）据单位时间内输入信号脉冲个数的多少，判断是否有输出断相现象，当脉冲数目减少时，报出 "输出断相" 故障，停机保护。
　　（4）IC22 输出的信号经电阻器 R140、R141、R136 被送入由 IC31 构成的电压比较器的反相输入端（第 6 引脚），电压比较器的同相端是由 2.5V 电压经电阻器 R142 分压形成的两个基准电压。当第 6 引脚电压超过第 5 引脚电压时，第 7 引脚输出状态反转，输出 −VCC 的负电压信号，经 IC20 及三极管 VT12 放大处理后，向 CPU 的第 15 引脚输入 OL 过电流信号。CPU 收到此信号后，发出过电流警告，同时进行短延时处理，在短延时处理过程中，若过电流现象消失，则变频器继续运行；若过电流信号依旧存在，则 CPU 发出停机信号，停机保护。

图 6-3　采用霍尔电流传感器组成的电流检测电路（一）

驱动电路板正面

电流互感器

运算放大器

驱动电路板背面

运算放大器等元器件

图 6-3 采用霍尔电流传感器组成的电流检测电路（一）（续）

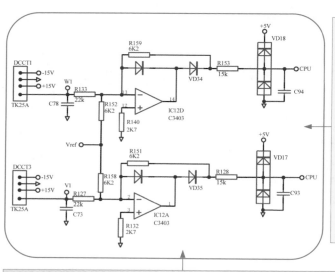

（1）电流互感器 DCCT1 输出的电流检测信号输入到运算放大器 IC12D 的第 13 引脚（IC12D 和周围元器件组成了精密半波整流器，来处理模拟信号），经 IC12D 组成的精密半波整流器整流为正的模拟电压信号。然后经过电阻器 R153 和电容器 C94 组成的 RC 抗干扰电路滤波后，再经过二极管 V18 钳位保护电路，输入到 CPU 中。

（2）另一路电路中，电流互感器 DCCT3 输出的电流检测信号输入到运算放大器 IC12A 的第 2 引脚，经 IC12A 组成的精密半波整流器整流为正的模拟电压信号。然后经过电阻器 R128 和电容器 C93 组成的 RC 抗干扰电路滤波后，再经过二极管 VD17 钳位保护电路，输入到 CPU 中。

（3）当电动机升速较慢而导致转差率上升，并形成过大的负载电流时。此异常增幅电流信号，通过图中电流检测电路处理被送入 CPU 内部电路，CPU 将暂停输出频率的上升（或使输出频率有所回落），等负载电动机的转差率下降，起动电流回落到允许值以内时，变频器输出频率才继续上升。此种控制过程一直持续到电动机正常运行为止。正常运行中，电流检测信号则由程序计算后，由操作显示面板，用于运行电流的显示。

图 6-4 采用霍尔电流传感器组成的电流检测电路（二）

图 6-4　采用霍尔电流传感器组成的电流检测电路（二）（续）

 6.3　变频器电压检测电路结构及工作原理

在变频器的工作中，需要对主回路电压和控制电压进行检测，以完成输出控制以及过电压、欠电压保护等功能。变频器内部的电压检测方式分为直流电压检测和交流电压检测两种，本节将详细讲解变频器电压检测电路的结构和工作原理。

6.3.1　直流电压检测电路工作原理

直流电压检测的方式又分为两种：一种是直接从直流母线上面分压，经过光电耦合器处理，然后送入 CPU 内部 A/D 电路进行采样，就得到母线电压的值。图 6-5（a）所示的某变频器电压检测电路便采用这种方式。

另一种直流电压检测的方式则从开关电源的开关变压器次级绕组得到一个低压，然后经过 A/D 电路采样后换算成直流母线电压值。如果直流母线上面的电压过高或者过低，就会出现过电压或者欠电压保护，如果变频器带有制动模块，则变频器就是启动直流制动电路，把多余的能量消耗在制动电阻器上。图 6-5（b）所示的某变频器电压检测电路就是这种检测方式。

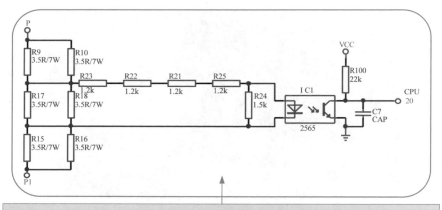

（1）电压检测信号直接取自直流回路 P、N 端的 530V 直流电压，然后经过电阻器 R9、R10、R15、R16、R17、R18、R21、R22、R23、R24、R25 降压分压后，加到光电耦合器 IC1 的信号输入端，经内部光电转换后，使 IC1 的输出端导通，然后 VCC 电压经电阻器 R100 后流过 IC1 的输出端，从而将采样电压通过 CPU 的第 20 引脚输入 CPU 内部的 A/D 转换电路进行电压采样。

（2）当直流回路的直流电压出现过电压或欠电压故障时，电压检测电路将过电压或欠电压故障通知 CPU，然后 CPU 控制变频器停止工作。

（a）检测方式一

图 6-5　直流电压检测电路

6.3.2　交流输入电压检测电路工作原理

交流输入电压检测电路主要是将 R、S、T 端输入的电源电压经电阻器降压 / 限流后，再经过桥式整流电路整流为脉动直流电压，送入光电耦合器处理，然后送入 CPU 内部电路，根据送入 CPU 的电压信号来判断输入电压是否缺相，其工作原理如图 6-6 所示。

（1）开关变压器 T1 的二次绕组输出的交流电压经整流二极管 VD10，负向整流成随直流回路电压变化的负电压，经电容器 C14、电阻器 R23 和 R24、电容器 C24 组成的 π 形滤波电路滤波成平滑的直流电压，作为直流回路的电压采样信号。

（2）此电压采样信号经电容器 C27 及电阻器 R40、R37 处理后，输入到 IC8（C3403）运算放大器构成的反相放大器电路，输出信号分为三路。一路经电阻器 R44、电容器 C40 滤波后送入 CPU 中，供显示直流回路电压的高低，以及提供过电压、欠电压报警。另两路信号送入由 IC13A 和 IC13B（393）运算放大器构成的两级迟滞电压比较器电路，分别输出过电压停机保护信号，至后级 CPU 外围故障信号处理电路。输出制动电路控制信号，经 CN2 接口第 10 引脚输出给后级制动开关管的控制电路。

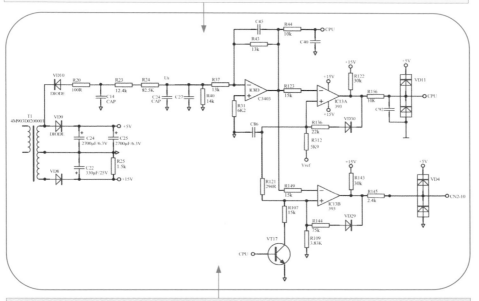

（3）从图中可以看出，由 IC13A 和 IC13B 构成的两级电压比较器，其同相输入端输入的基准电压值不同。基准电压 Verf 经过电阻器 R312 输入 IC13A 运算放大器的同相输入端，而基准电压 Verf 经过电阻器 R312、R121、R109 分压后，输入 IC13B 运算放大器的同相输入端。也就是说，IC13A 的同相输入端电压要高于 IC13B，因此当直流回路电压升高时，反相端输入电压信号与同相端基准电压相比较，IC13B 电压比较器先行输出，输出端由 +15V 上拉高电平信号变为低电平信号，制动开关管接收驱动信号而开通，将制动电阻器并接于直流回路，对直流回路的电压增量进行消耗。

（4）若投入制动电阻器后，直流回路电压仍在继续上升，IC13A 的反相输入端输入的电压检测信号高于同相输入端基准电压信号，则 IC13A 输出端由高电平变低电平，将过电压信号送入 CPU，CPU 控制变频器停机保护。

（b）检测方式二

图 6-5　直流电压检测电路（续）

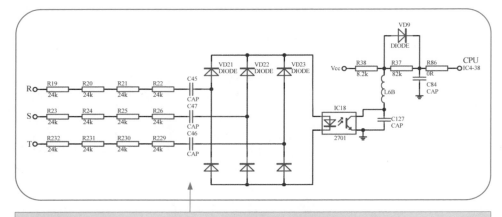

（1）由 R、S、T 端输入的三相电压，经由电阻器 R19~R22、R23~R26、R229~R232 组成的降压电路降压后，进入由 VD21~VD23 组成的三相整流桥。当三相电压输入正常时，三相交流电压进入三相整流桥整流后，进入光电耦合器 OI18 的输入端，经光电转换，使光电耦合器的输出端导通，这时 V_{CC} 电平信号经电阻器 R38、R37、R86 后被送入 CPU 的内部电路进行电压采样。

（2）当出现电源断相故障，如 R 相断相时，整流桥只有单相电压输入，整流电压大幅度降低，这时光电耦合器 OI18 中无输入电流通路，输出一个高电平的电源断相信号给 CPU。变频器报出输入电源断相故障，同时实施停机保护。

图 6-6　交流输入电压检测电路工作原理

 变频器电流检测电路维修方法

6.4.1　电流检测电路故障分析

电流检测电路出现故障后，通常显示板会出现 OC（过电流）、GF（接地故障）等报警提示。但是，出现 OC、GF 故障并不表示电流检测电路一定有问题，因为驱动电路出现故障也可能会出现这样的报警。因此应先通过检测来辨别是哪个电路出现的故障。

1. 变频器报 OC 故障分析

变频器报 OC 故障一般包括两种：变频器上电即报 OC 故障和启动时或运行中报 OC 故障，下面进行详细分析。

（1）上电即报 OC 故障分析

上电即报 OC 故障是指上电后处于待机状态，未接收启动信号时，操作面板显示 OC 故障。发生此故障说明主板 CPU 在上电自检中检测到故障报警端口有严重过载情况存在，或判断电流检测电路已经损坏，起不到正常保护作用。

上电即报 OC 故障分析如图 6-7 所示。

（1）一般上电瞬间报出 OC 故障，多为 IGBT 模块的检测电路检测到异常高的管压降，由驱动电路返回 OC 信号。

（2）当驱动电路的 IGBT 模块保护电路发生故障时，也会向 CPU 返回一个 OC 信号，使 CPU 上电即报出 OC 故障。

（3）当电流检测电路发生故障时，如基准电压不正常或检测电路的元器件损坏，也会使 CPU 报出 OC 故障。

图 6-7　上电即报 OC 故障分析

（2）启动时或运行中报 OC 故障分析

启动时或运行中报 OC 故障是指变频器上电正常，在启动的瞬间报 OC 故障，或启动正常但在运行中报 OC 故障。这种故障分析如图 6-8 所示。

（1）当电流检测电路发生故障，如电路中电流互感器、电阻器、二极管等元器件损坏或性能不良，也会造成 OC 报警。

（2）对于启动即报 OC 故障，还应检测直流回路的储能电容器有无容量减小和失容现象，如果不是储能电容器问题，接着检查负载电动机是否存在绝缘老化等问题。

图 6-8　启动时或运行中报 OC 故障分析

注意：一般运行多年的电动机，绕组的绝缘程度已大大降低，甚至有了明显的绝缘缺陷，处于电压击穿的临界点上，容易引起并不起眼的"漏电流"，但由于未能产生电压击穿现象，电动机还在"正常运行"。因此应注意检查这类问题引起的变频器报 OC 故障。

2. 变频器报 GF 故障分析

变频器报 GF 故障分为两种情况：上电即报 GF 故障和启动瞬间报出 GF 故障。变频器报 GF 故障分析如图 6-9 所示。

变频器报 GF 故障原因是：变频器输出端的接线有接地情况，或负载电动机有接地情况（如电动机绕组与外壳绝缘变坏等），或 GF 故障检测电路存在问题。

图 6-9　变频器报 GF 故障分析

6.4.2　电流互感器好坏检测方法

电流互感器在变频器中使用较多，其主要用来获取变频器输出电流的信息。要测量电流互感器的好坏，可通过测量其输出电压来判断。因为电流互感器是双电源供电，静态时其对地输出的电压为 0V 左右，波动范围在 5mV 以内是正常的。

图 6-10 所示为电流互感器好坏检测方法。

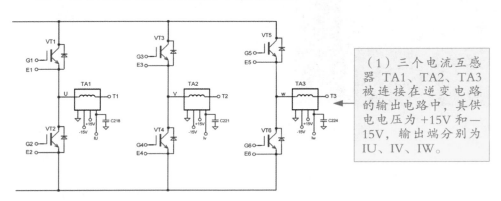

（1）三个电流互感器 TA1、TA2、TA3 被连接在逆变电路的输出电路中，其供电电压为 +15V 和—15V，输出端分别为 IU、IV、IW。

图 6-10　电流互感器好坏检测方法

电流互感器 ——

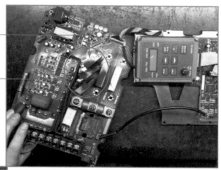

（2）检测电流互感器时，首先观察其外部绝缘有无破损。然后在确定 IGBT 模块及整流电路正常的情况下，给电路板接上 530V 直流电，准备测量电流互感器输出端电压。

（3）将万用表挡位调至直流电压 20V 挡，然后将红表笔接第一个电流互感器的输出脚，黑表笔接接地脚。测量其输出电压，正常电压应该为 0V。

（4）将红表笔接第二个电流互感器的输出脚，黑表笔接接地脚。测量其输出电压，正常电压应为 0V。

（5）将红表笔接第三个电流互感器的输出脚，黑表笔接接地脚。测量其输出电压，正常电压应为 0V。

图 6-10　电流互感器好坏检测方法（续）

　　测量分析：如果测量过程中，测量出几伏的直流电压，则说明所测的电流互感器损坏。

6.4.3 电流检测电路故障维修方法

在测量变频器的电流检测电路时，可以先将驱动电路的 OC（GF）报警功能解除（如短接 A316J 的第 14、16 引脚，短接 PC923 的第 1、2 引脚）。如果此时不报 OC（GF）故障了，则说明是驱动电路问题引起的报警；如果仍报 OC（GF）故障，则可能是电流检测电路或 GF 故障信号处理相关电路问题。

除此之外，还可通过测量电流检测电路的供电电压、输出信号等方法来检测电流检测电路。

1. 通过检测供电电压判断好坏

在电流检测电路故障中有很大一部分是由于供电电压异常引起的，如果测量出电流检测电路的供电电压异常，就可通过检测供电电路中的元器件来找到故障原因。

通过检测供电电压判断好坏的方法如图 6-11 所示。

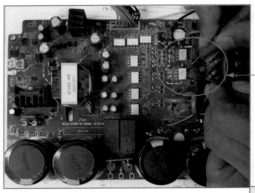

（1）首先检测电流检测电路中的供电电路有无短路问题。将数字万用表调到二极管挡，然后将红表笔接光电耦合器信号输入侧的接地脚（如 A7840 的第 4 引脚），黑表笔接输入侧供电引脚（如 A7840 的第 1 引脚），测量供电电路的二极管管压。如果测量的值为 0.5V 左右，则测量的供电电路正常；如果测量值为 0，则说明供电电路有元器件短路故障；如果测量值为无穷大，则说明供电电路有元器件发生断路故障。

（2）将万用表的红表笔接光电耦合器信号输出侧的接地脚（如 A7840 的第 5 引脚），黑表笔接输入供电引脚（如 A7840 的第 8 引脚），测量供电电路的二极管管压。如果测量的值为 0.5V 左右，则测量的供电电路正常；如果测量值为 0，则说明供电电路有元器件短路故障；如果测量值为无穷大，则说明供电电路有元器件发生断路故障。

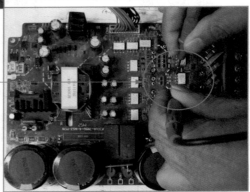

图 6-11　通过检测供电电压判断好坏的方法

（3）在测量完供电电路是否有短路或断路故障后，给电源电路板接 530V 直流电压（在确保 IGTB 模块及驱动电路没有故障的情况下），将万用表调至直流电压 200V 挡，然后将红表笔接光电耦合器或运算放大器的供电引脚（如 A7840 的第 8 引脚，TL082 的第 8 引脚），黑表笔接输地，然后测量供电电压是否正常（正常为 15V 左右，或 5V 左右）。如果供电电压不正常，则检查供电电路中的电阻器、电容器、二极管等元器件。

图 6-11　通过检测供电电压判断好坏的方法（续）

2. 通过测量输入端和输出端的阻值判断好坏

通过测量电流检测电路输入端和输出端的阻值同样可以判断电路是否存在问题，测量方法如图 6-12 所示。

（1）将数字万用表挡位调到欧姆挡的 200k 挡，然后将两支表笔分别接光电耦合器的输入端和 UVW 电压输出端，测量其阻值。测量的阻值可以与正常阻值进行比较（可以从厂家给的数据中查询，或测量同型号正常电路板的阻值来比较）。如果阻值为 0，则说明输入侧电路中有短路的元器件；如果阻值不正常，说明输入侧电路中有损坏的电阻器、电容器等元器件，重点检测这些元器件。

（2）将两支表笔分别接光电耦合器的输出端和运算比较器输入端，测量其阻值。测量的阻值可以与正常阻值进行比较。如果阻值为 0，则说明输出侧电路中有短路的元器件；如果阻值不正常，说明输出侧电路中有损坏的电阻器、电容器等元器件，重点检测这些元器件。

图 6-12　通过测量输入端和输出端的阻值判断好坏

3. 通过测量电路中元器件判断好坏

由于变频器的电路板工作时会处于高温、高电压、高电流的环境中，有些还处于高湿的环境中，这样的工作环境很容易造成电路板上的元器件老化，性能下降，或直接损坏。因此在电流检测电路出现故障后，可以采用测量电路中元器件的方法来找到损坏的元器件，进而排除故障。

通过测量电路中元器件判断好坏的方法如图 6-13 所示。

（1）首先将数字万用表挡位调到蜂鸣挡，然后测量电流检测电路中的贴片电容器，看有无短路的情况。
（2）将万用表调到合适的欧姆挡（根据所测电阻阻值调整），然后测量电路中的电阻器阻值是否正常，如果阻值无穷大、偏小或短路损坏，直接更换即可。
（3）将数字万用表调到二极管挡，测量电路中二极管的管电压是否正常。如果管电压为 0 或无穷大，则二极管损坏。

（4）测量光电耦合器时，可以单独给光电耦合器的供电引脚提供 5V 供电电压，让光电耦合器单独工作。具体方法是将可调直流稳压电源的电压调到 5V，然后将红表笔接光电耦合器的供电脚（如 A7840 的第 1 引脚），黑表笔接接地脚（如 A7840 的第 4 引脚）。

（5）用手触摸光电耦合器芯片，如果芯片很热，说明光电耦合器内部短路损坏。

图 6-13　通过测量电路中元器件判断好坏

6.5 电流 / 电压检测电路故障维修实战

6.5.1　变频器上电提示 OC3 报警故障维修

　　一台故障变频器，客户描述开机出现 OC3 过电流报警。根据故障现象分析，可能是由电流检测电路或驱动电路故障等引起的，重点检查电流检测电路和驱动电路。

　　变频器通电提示 OC3 报警故障维修方法如图 6-14 所示

（1）首先拆开变频器外壳，检测一下 IGBT 模块，然后再通电测试。将数字万用表调到二极管挡，检测整流电路中的整流二极管和逆变电路中上、下臂变频元件，测量结果显示均正常。

（2）给变频器供电并开机。发现在开机未启动的的情况下显示面板报 OC3 过电流报警。

图 6-14　变频器通电提示 OC3 报警故障维修

（3）断开电源，并对变频器电源电路板进行放电（在P端子和"—"端子连接100W灯泡进行放电），然后拆开变频器，拆下电路板，准备检查电源电路板。

（4）经检查，未发现电流检测电路中是有明显损坏的元器件。

（5）将数字万用表调到二极管挡，然后测量电流检测电路中的二极管。经检测，两只二极管均正常。

图 6-14　变频器通电提示 OC3 报警故障维修（续）

（6）将数字万用表调到蜂鸣挡，测量电流检测电路中的电容器、电阻器等元器件。发现有一个贴片电容器的阻值很小，说明已经击穿。

（7）将有问题的电容器拆下来，然后换一个同型号的贴片电容器。

（8）换好电容器后，给电源电路板接上 530V 直流电压，然后测量供电电压。测量电压约为 14.9V，电压正常。

（9）将变频器的电路板装好，通电开机测试，过电流报警消失。之后给变频器连接负载电动机进行测试，电动机可以正常运转，调整频率，电动机运转也正常，故障排除。

图 6-14 变频器通电提示 OC3 报警故障维修（续）

6.5.2 变频器开机运行后提示 OU-3 报警故障维修

一台故障变频器通电开机正常，但运行后会出现 OU-3 报警故障。查看变频器说明书，提示此故障为定速时过压，原因可能是输入电源电压异常。

根据故障现象分析，应重点检查电源电路板中的电压检测电路。

变频器开机运行后提示 OU-3 报警故障维修方法如图 6-15 所示。

（1）首先检测变频器 IGBT 模块，然后再通电测试。将数字万用表调到二极管挡，检测整流电路中的整流二极管和逆变电路中上、下臂变频元件，测量结果显示均正常。

（2）给变频器供电并开机。发现可以正常开机，但启动运行时显示面板就会提示 OU-3 过电压报警。

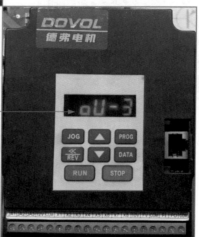

（3）断开电源，并对变频器电源电路进行放电，然后拆开变频器，拆下电路板，准备检查电源电路板。

图 6-15　变频器开机运行后提示 OU-3 报警故障维修

（4）给电源电路板通电，重点检测电压检测电路的输入电压。将数字万用表调到直流电压 750V 挡，将红表笔接直流母线电压输入端的正极，黑表笔接负极。测量的电压为 305V（此变频器为两相变频器），电压正常。

（5）检测电压检测电路中的 15V 供电电压，测量值 15.21V，电压正常。

（6）检测电压检测电路中的 5V 供电电压，测量值为 4.95V，电压正常。

（7）检测电压检测电路中的负电压，测量值为 −48.8V，电压正常。

图 6-15 变频器开机运行后提示 OU-3 报警故障维修（续）

（8）检测电压检测电路中的另一负电压，测量值为 -2V，电压不正常。正常电压为 -1.5V 左右。

（9）检测电压检测电路中的电阻器、电容器、光电耦合器、比较器等元器件。发现有个电阻器的阻值和标注阻值不相符，已经损坏。

（10）将损坏电阻器更换后，然后再测量电压检测电路中的负电压。测量值为 -1.425V，电压正常。

（11）将变频器的电路板装好，通电开机测试，过电压报警消失。之后给变频器连接负载电动机进行测试，电动机可以正常运转，调整频率，电动机运转也正常，故障排除。

图 6-15　变频器开机运行后提示 OU-3 报警故障维修（续）

6.5.3　变频器上电提示 OC 报警故障维修

一台变频器的故障现象为上电提示 OC 报警。根据故障现象分析，可能是由于电流检测电路故障，或驱动电路故障引起的，重点检测这两个电路。

变频器上电提示 OC 报警故障维修方法如图 6-16 所示。

（1）首先检测变频器 IGBT 模块，然后通电测试。将数字万用表调到二极管挡，检测整流电器中的整流二极管和逆变电路中上、下臂的变频元件。测量结果显示均正常。

（2）给变频器供电并开机。发现可以正常开机，但启动运行时显示面板就会报 OC 过电流报警。

（3）断开电源，并对变频器电源电路进行放电，然后拆开变频器，拆下电路板，准备检查电源电路板。

图 6-16　变频器上电提示 OC 报警故障维修

（4）拆下电源电路板后，经检查未发现有炸裂、烧断等明显损坏的元器件，但看到电流检测电路中的霍尔电流互感器上面有很多污渍。怀疑这里是不是有问题，先检测电流检测电路。

（5）将数字万用表调到蜂鸣挡，测量三个霍尔电流互感器的输出端，未发现短路的问题。

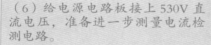

（6）给电源电路板接上 530V 直流电压，准备进一步测量电流检测电路。

（7）将万用表调到直流电压 20V挡，然后红表笔接输出端，黑表笔接接地脚，测量输出引脚的电压。测量电压值约为 2.4V（正常应为0V），说明此电流互感器有问题。

（8）测量第二个电流互感器输出端电压，测量电压值为 0V，电压正常。

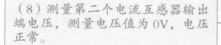

图 6-16　变频器上电提示 OC 报警故障维修（续）

（9）测量第三个电流互感器输出端电压，测量电压值为 0V，电压正常。

（10）断开电源，并进行放电。

（11）将有问题的电流互感器拆下。

（12）换上一个同型号的电流互感器。

（13）新电流互感器更换完毕后，给电源电路板重新通电，然后开机，未出现 OC 报警。

图 6-16　变频器上电提示 OC 报警故障维修（续）

（14）将变频器的电路板装好，通电开机测试，OC报警消失。之后给变频器连接负载电动机进行测试，电动机可以正常运转，调整频率，电动机运转也正常，故障排除。

图 6-16 变频器上电提示 OC 报警故障维修（续）

第 **7** 章
看图维修变频器控制电路

控制电路是整个变频器电路的核心，它负责控制整个电路的工作并监控电路的工作状态。变频器控制电路是否正常会直接影响整个变频器是否能正常运转，本章将重点讲解控制电路的工作原理及检测维修方法。

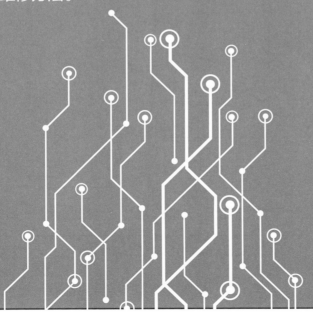

看图识变频器控制电路及电路图

在变频器的电路中，控制电路所在的主板通常包括微处理器、输入/输出端子、通信端子、光电耦合器、存储器电路、供电电路、时钟电路等。如图 7-1 所示为变频器的控制电路和电路图。

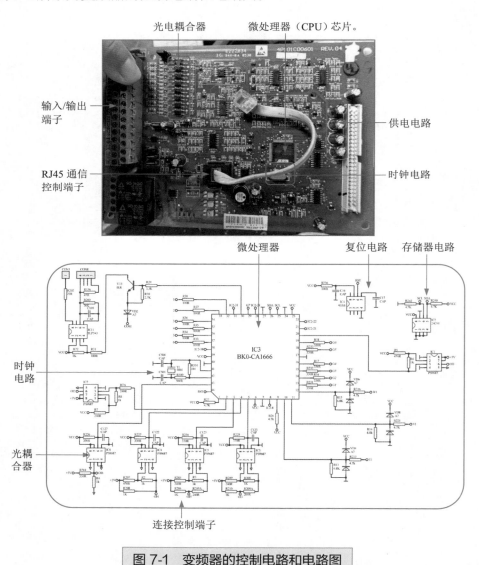

图 7-1　变频器的控制电路和电路图

7.2 控制电路的三大工作条件

控制电路上电时，要从程序首端开始执行，这就需要一个复位控制动作。控制电路是一个复杂的系统，各个系统要步调一致地同步工作，这样才能正常运转，这就需要按一定的时钟节拍才能保证各系统协调工作。因而控制电路要想正常工作的三大条件是正常的供电电压、复位信号和时钟信号。

7.2.1　控制电路的供电电路工作原理

控制电路的工作电压为低压直流电压，通常为 5V、3.3V、1.8V 等。在控制电路的电路图中，通常用 VCC、VDD、VDDIO 等名称来表示供电电压，通常 VCC 表示 5V 供电电压，VDD 和 VDDIO 表示 1.8V 和 3.3V 供电电压。图 7-2 所示为控制电路中微处理器的供电电路。

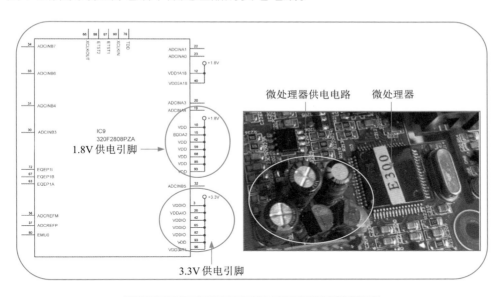

图 7-2　控制电路中微处理器的供电电路

控制电路的供电电压主要是将开关电源电路的 5V 电压经过稳压电路调压后获得。

图 7-3 所示为开关电源电路输出的 5V 直流电压经过稳压器及滤波电容器滤波后输出 VCC 供电电压的电路组成和工作原理。

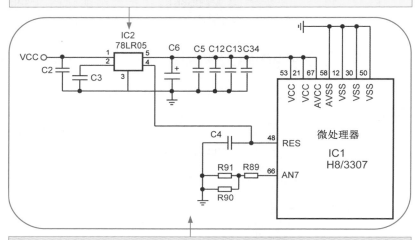

此供电电路主要由稳压芯片 78LR05 和滤波电容器组成。78LR05 不但可以输出 5V 电压，还可以输出复位电压。

工作原理：开关电源电路输出的 5V 直流电压 VCC，由滤波电容器 C2 滤波后，经过 78LR05 芯片的第 1 引脚进入芯片内部，经过稳压处理后，从第 5 引脚输出精度高、稳定度好的 5V 直流电压。再经过电容器 C6、C5、C12、C13 滤波后，通过 VCC 引脚为微处理器提供 5V 直流工作电压。同时第 4 引脚输入复位电压，可以将微处理器复位。

图 7-3 5V 供电电路与工作原理

图 7-4 所示为开关电源电路输出的 5V 直流电压经过稳压器调压稳压后，输出 3.3V 或 1.8V 直流电压，为控制电路供电。

此供电电路主要由稳压器芯片 AMS1117、滤波电容器和滤波电感器组成。

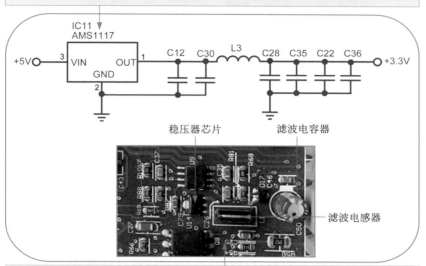

（1）工作原理：开关电源电路输出的 5V 直流电压（一般会连接一个滤波电容器对输入电压进行滤波）经过滤波后，从 AMS1117 芯片的第 3 引脚 VIN 进入芯片内部，经过 AMS1117 芯片稳压后，再经过电容器 C12、C30、C28、C35、C22、C36 及电感器 L3 滤波后，从第 2 引脚输出稳定的 3.3V 直流电压。电感器 L3 的作用是使输出的电流变得平滑，电压波形平稳。

（a）3.3V 供电电路与工作原理

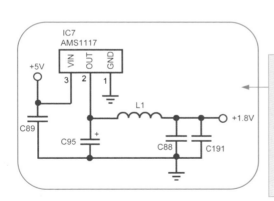

（2）此供电电路是将开关电源电路输出的 5V 直流电压转换为 1.8V 直流电压的稳压电路，其工作原理与 3.3V 供电电路相同。此电路中电容器 C89 的作用是过滤 5V 电压中的杂波，使输入的电流更纯净。

（b）1.8V 供电电路与工作原理

图 7-4　3.3/1.8V 供电电路

7.2.2　复位电路工作原理

　　复位电路主要为控制电路中的微处理器电路提供复位信号。变频器在上电或工作中因干扰而使程序失控，或工作中程序处于死循环"卡死"状态时，都需要进行复位操作。图7-5所示为控制电路中的复位电路。

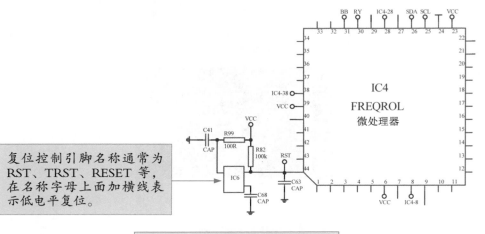

复位控制引脚名称通常为 RST、TRST、RESET 等，在名称字母上面加横线表示低电平复位。

图 7-5　控制电路中的复位电路

　　复位电路按复位原理分为低电平复位、高电平复位两种，下面详细讲解其工作原理。

　　1. 低电平复位电路工作原理

　　图7-6所示为低电平复位电路图。图中的复位电路主要由电阻器 R1、电容器 C1 和二极管 D1 组成。

上电瞬间，因电容器 C1 两端的电位不能突变，RST 引脚为（瞬态）低电平，微处理器开始复位动作；随后 R1 提供 C1 的充电电流，逐渐在 C1 上建立起充电电压，当 C1 电压上升至 5V（常态）高电平后，复位过程结束，程序执行开始。二极管 VD1 并联在 R1 两端，提供 C1 的放电通路。当系统瞬时掉电时，VD1 可对 C1 储存电荷快速泄放，避免电源正常时，C1 两端仍保持高电平所造成的复位失效。

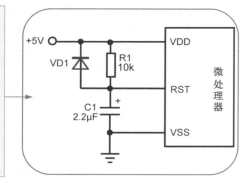

图 7-6　低电平复位电路

2. 高电平复位电路工作原理

图 7-7 所示为高电平复位电路图。图中的复位电路由电容器 C1、电阻器 R1、二极管 D1 等组成，通过电容器的放电来产生复位信号。

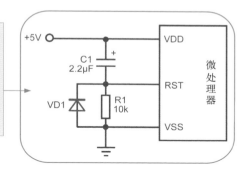

上电瞬间，C1 瞬时短路，向微处理器的 RST 引脚输送一个 5V 高电平信号。R1 提供 C1 的充电电流，当 C1 充电结束（充电电流为 0）后，R1 两端电位差为 0，RST 引脚变为常态低电平，复位过程结束。

图 7-7　高电平复位电路

除了上面讲解的复位电路外，还有采用复位芯片组成的复位电路。这样的复位电路主要由复位芯片、电阻器、电容器和微处理器等组成，如图 7-8 所示。

VDDP3.3V 电压从芯片的 VCC 端输入，从 RESET 端输出复位信号。

工作原理：在上电瞬间，3.3V 电压 VDDP 加到复位芯片 U4202 的 VCC 端，当电压上升到芯片的复位阈值电压 3.08V 时，复位芯片从 RESET 端输出由低到高的复位信号（此复位信号会保持 140ms）。此复位信号经过微处理器的 RST 端进入微处理器内部的逻辑电路。微处理器接收到复位信号后，开始执行复位程序，实现复位。

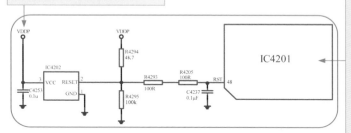

微处理器

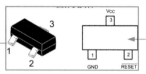

复位芯片一般都是三只引脚，VCC 为输入端，RESET 为输出端。

图 7-8　采用复位芯片的复位电路

图 7-8 中，U4202（AP1702）为高电平有效的复位芯片，它是一种最简单的电源监测芯片，封装只有三只引脚。AP1702 在系统上电和掉电时都会产生复位脉冲，在电源有较大的波动时也会产生复位脉冲，而且可以屏蔽一些电源干扰。

小知识：

复位芯片是代替阻容复位的，通常用在复位波形要求比较高的场合，如 RC 复位，它的波形比较迟缓，而且一致性差，如果是专用的复位芯片，输出的复位波形就非常好。

7.2.3　时钟电路工作原理

时钟电路负责产生电路部分工作所需的时钟信号，时钟信号是控制电路工作的基本条件。电路中常用的时钟频率主要有 4MHz、6MHz、12MHz、16.000MHz、20.000MHz 等几种。

时钟电路主要由晶振、谐振电容器、微处理器中的振荡器等组成。图 7-9 所示为控制电路中的时钟电路。

CU2 为晶振，C42 和 C43 为谐振电容器，谐振电容器的取值一般为 30pF 或 22pF，41、42 为微处理器的时钟信号输入和输出引脚。

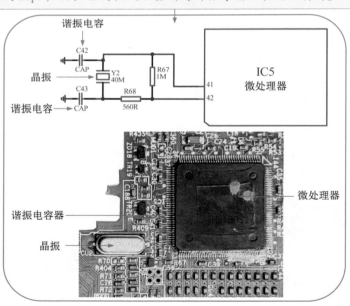

图 7-9　控制电路中的时钟电路

1. 时钟电路的常见形式

时钟电路一般由晶振、两个谐振电容或电阻器等元器件组成。时钟电路常见形式如图 7-10 所示。

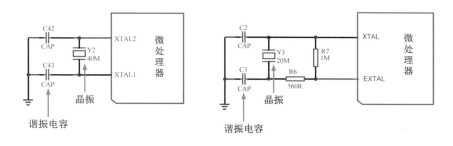

图 7-10　时钟电路的常见形式

2. 时钟电路工作原理

当电路板接通电源后，开关电源电路就产生 5V 待机直流电压，此电压直接为微处理器内部的振荡器供电，时钟电路在获得供电后开始工作，微控制器内部振荡器和外接晶振产生一个时钟振荡信号，为微处理器电路中的开机模块提供所需的时钟频率。

同时，在电路开机后，时钟电路还会通过分频电路向其他芯片及电路提供工作所需的时钟频率信号。

 存储器电路工作原理

存储器是用来存储数据的。当用户利用功能按键进行功能调节后，微处理器电路便使用 I^2C 总线将调整后的数据存储在数据存储器中。当再次开机时，便从存储器中调出数据。

存储器电路主要由存储器芯片、上拉电阻器、电容器和微处理器等组成。图 7-11 所示为存储器电路图。

图中，R213、R214 为上拉电阻器，24L01 为存储器，用来存储用户调整后的数据。SCL 和 SDA 分别连接到微处理器 IC203 的第 25、26 引脚，负责时钟信号和数据信号。在工业控制中常用的存储器主要有程序存储器、用户数据存储器等。图 7-12 所示为数据存储器。

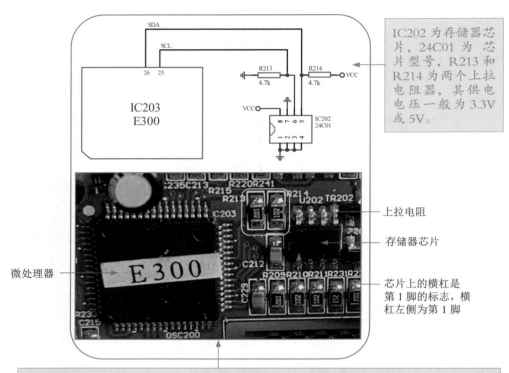

IC202 为存储器芯片，24C01 为芯片型号，R213 和 R214 为两个上拉电阻器，其供电电压一般为 3.3V 或 5V。

微处理器

上拉电阻

存储器芯片

芯片上的横杠是第 1 脚的标志，横杠左侧为第 1 脚

存储器与微处理器电路之间数据的传送原理为：

当时钟线 SCL 为高电平时，数据线 SDA 由高电平跳变为低电平，定义为"开始"信号，开始状态应处于任何其他命令之前；当 SCL 线处于高电平时，SDA 线由低电平跳变为高电平，定义为"结束"信号。开始信号和结束信号都是由微处理器（CPU）产生的。在开始信号以后，总线即被认为处于忙碌状态；在结束信号以后的一段时间内，总线被认为是空闲的。

图 7-11　存储器电路图

（1）A0、A1、A2 为地址引脚，通常接低电平，用于确定芯片的硬件地址。WP 为控制引脚，连接微处理器电路的读写控制端，由微处理器电路控制存储器的读写。SCL 引脚为 I²C 总线串行时钟信号输入端，SDL 为 I²C 总线串行数据输入、输出端，数据通过这条双向 I²C 总线串行传送，SDA 和 SCL 都需要和正电源间各接一个上拉电阻器。

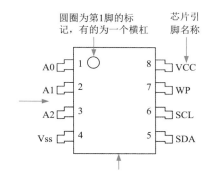

（2）存储器与微处理器之间的通信采用 I²C 总线。在 I²C 总线上传送的一个数据字节由 8 位组成。总线对每次传送数据的字节数没有限制，但是每个字节后必须跟一位应答位。数据传送首先传送最高位（MSB）。

图 7-12　数据存储器

变频器控制电路维修方法

7.4.1　微处理器电路故障分析

微处理器是变频器的核心，它出现故障后，通常会出现以下现象：

（1）开机上电后在供电电源正常的情况下，操作面板无显示，设备不工作。

（2）显示某一固定字符，设备无初始化动作过程，操作显示面板所有操作失灵。

（3）显示乱码，无法正常启动工作。

（4）参数修改不能保存。

造成这些故障原因分析如图 7-13 所示。

（1）微处理器供电电压不正常，会引起开机上电无反应，无法启动工作；或微处理器程序运行紊乱，进入"死机"状态。

（2）微处理器在自检过程中如检测到危险故障信号存在，会锁定设备。

（4）存储芯片供电不正常、接触不良或损坏，会引起修改参数无法保存的故障。

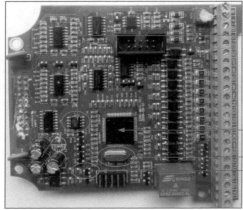

（3）时钟／复位信号不正常，微处理器接触不良或损坏，会导致开机上电无反应，或显示乱码，无法启动工作。

图 7-13　微处理器电路故障分析

7.4.2　控制电路供电电压检测维修方法

在供电电源正常的情况下，当变频器出现开机上电后操作面板无显示，设备不工作；或微处理器程序运行紊乱，进入"死机"状态等故障时，重点检查微处理器电路。

检测方法如图 7-14 所示。

（1）首先在变频器上电时，仔细听充电继电器或接触器有无"啪嗒"的吸合声。如果有，说明微处理器电路已经工作。可以观察操作显示面板，一般会有一个"开机字符"，呈闪烁状态，最后稳定为某一字符，有此过程，说明微处理器也已进入工作状态。

（2）如果没有吸合声，接着检查微处理器的供电电压是否正常。将数字万用表调到直流电压 20V 挡，红表笔接微处理器 VCC（或 VDD、VDDIO）引脚，黑表笔接地测量供电电压。正常应该为 5V（或 3.3V、1.8V）。

滤波电容器背面引脚

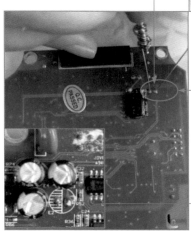

（3）如果 5V 供电电压不正常，重点测量供电电路中的滤波电容器是否击穿或老化；如果 3.3V 或 1.8V 不正常，则先检测集成稳压器芯片的输入端电压和输出端电压。如果输入端电压正常，输出端电压不正常，则是稳压器芯片损坏。另外还要检测稳压器供电电路中的滤波电容器、滤波电感器等元器件是否损坏。

5V电压滤波电容器

图 7-14　微处理器供电电路检修

7.4.3　复位信号故障检测维修方法

　　变频器复位电路出现故障时，通常会出现显示面板无显示，上电过程中的"系统状态指示灯"无闪烁点亮过程等现象。

对于复位电路故障可通过检测微处理器复位引脚的静态电压来判断，如果微处理器是低电平复位，则复位引脚的静态电压应为高电平；如果是高电平复位，则复位引脚的静态电压应为低电平。

复位电路的检测方法如图 7-15 所示。

（1）首先测量微处理器复位信号是否正常。将数字万用表调至直流 20V 挡，红表笔接微处理器 RST 引脚，黑表笔接地，观察测量的电压值。然后重新开机上电，观察电压是否变化。

（2）如果电压一直不变则是复位电路问题，需要测量复位电路中的复位电容器、复位电阻器是否损坏。对于采用复位芯片的复位电路，要先测量复位芯片的供电电压是否正常。正常的情况下，再测量复位输出端在上电时是否有变化的电压。如果没有则是复位芯片损坏。

图 7-15　复位信号故障检测维修方法

7.4.4　时钟信号故障检测维修方法

变频器时钟电路出现故障后，会造成微处理器不工作，变频器无法开机无显示，或开始显示 "－－－－－" "88888" 乱码的异常故障。

时钟电路的故障判断主要是检测晶振及谐振电容器是否正常。在实际的电路维修过程中，发现时钟电路中的晶振和谐振电容器容易出现虚焊或损坏，特别是晶振，在受到较大的振动后，很容易出现故障。因此在检查时应重点检查晶振和谐振电容器。

检测方法如图 7-16 所示。

隐形虚焊

（1）首先检查晶振和谐振电容器是否有虚焊的问题。

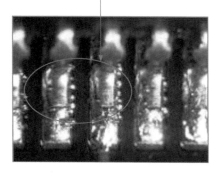

晶振引脚

（2）将数字万用表调至直流电压 2V 挡，在上电的情况下，两支表笔分别接晶振的两只引脚，测量引脚间电压。正常应有 0.3~0.7V 的电压，否则可能是晶振损坏，需进一步测量。也可以单独测量每个引脚的对地电压，正常情况下，两只引脚的电压差为 0.3~0.7V。

（3）将数字万用表调至 20k 挡，断电的情况下，两支表笔接晶振两只引脚，测量阻值，正常应该为无穷大。如果阻值很小，说明晶振损坏。

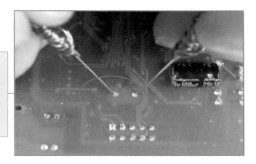

图 7-16　时钟信号故障检测维修方法

（4）上电的情况下，用示波器测量微处理器 X1 和 X2 时钟信号引脚或晶振引脚的波形，如果没有波形，则可能是谐振电容器损坏，或微处理器内部的振荡模块损坏，需更换损坏的元器件。注意：微处理器虚焊也会导致这样的故障现象。

图 7-16　时钟信号故障检测维修方法（续）

7.4.5　存储器电路故障维修方法

当微处理器存储器电路出现故障时，通常会出现变频器上电报"EEPROM 坏"提示、无法复位、参数被修改、停电后参数不能保存等故障现象。

存储器电路故障通常是由于受强电场信号冲击或干扰，如 IGBT 模块短路或带静电物体触及引脚等引起的，可以通过测量存储器芯片电压来判断。

存储器电路检测方法如图 7-17 所示。

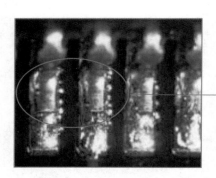

（1）首先检查存储器芯片有无虚焊现象。

图 7-17　存储器电路故障维修方法

（2）在上电的情况下，将数字万用表调至直流电压 20V 挡，红表笔接存储器芯片 VCC 引脚，黑表笔接地，测量供电电压是否正常。如果不正常，检查供电电路中的滤波电容器等元器件。

（3）如果供电电压正常，则在断电的情况下，测量存储器电路中的上拉电阻器是否开路。

（4）在上电的情况下，修改参数时，测量存储器芯片的 SCL 和 SDA 引脚的电压。正常应该有 3.3V 以上的电压，如果没有，则是存储器芯片损坏。

图 7-17　存储器电路故障维修方法（续）

7.5　变频器控制电路故障维修实战

7.5.1　变频器黑屏无法启动故障维修

一台故障变频器上电启动，显示面板黑屏没反应。根据故障分析，一般黑屏现象可能是显示面板损坏，或控制电路、开关电源电路故障引起的。重点检查供电方面的问题。

变频器黑屏无法启动故障维修方法如图 7-18 所示。

（1）在维修故障变频器时，为保险起见，在给变频器通电开机前，应先对变频器的整流电路和 IGBT 模块进行初步检查，防止直接通电开机烧坏 IGBT 模块。

（2）首先检测变频器 IGBT 模块，然后再通电测试。将数字万用表调到二极管挡，测量直流母线正负极与 R、S、T 三个端子之间的电压，均为 0.48V，说明整流电路中的整流二极管都正常。

（3）检测直流母线正负极与 U、V、W 三个端子之间的电压，均为 0.51V，说明逆变电路上、下臂变频元器件都正常。

图 7-18　变频器黑屏无法启动故障维修

（4）断开电源，并对变频器电源电路板进行放电，然后拆开变频器，拆下电路板，准备检查电路板。

（5）经检查，未发现电源电路板中有明显损坏的元器件（如鼓包、断裂、烧坏等）。

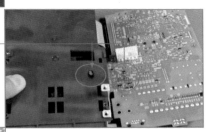

（6）检查控制电路板，发现电路板中有一处烧坏的地方。

（7）进一步检查发现烧坏的是一个内置了两个二极管的贴片元器件。用一个同型号的元器件更换掉损坏的二极管。

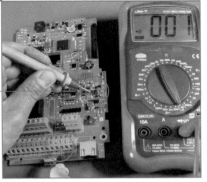

（8）由于电路中发生击穿故障后，可能会有其他元器件连带损坏。用数字万用表进一步检查此元器件所在的供电电路。将数字万用表调至二极管挡，红表笔接电路的输出端，黑表笔接地，测量值为 0，说明电路短路，还有其他元器件存在故障。

图 7-18　变频器黑屏无法启动故障维修（续）

（9）由于损坏的二极管所在电路为供电电路，重点检查控制电路板中与此电路有关联的元器件。发现另一个二极管被击穿。更换损坏的二极管，并再一次测量供电电路输出端对地阻值，阻值正常，电路板短路故障消失。

（10）将电源电路板、控制电路板及显示面板连接好，给电源电路板上电启动测试。显示面板正常显示，然后测量输出端子中 10V 和 24V 端子的输出电压，均正常。将变频器安装好，然后接上供电电压和负载电动机，上电启动。显示面板显示正常，电动机运转正常，调整输出频率，电动机运转均正常，故障排除。

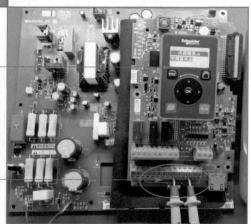

图 7-18　变频器黑屏无法启动故障维修（续）

7.5.2　变频器上电后面板显示"88888"故障维修 ○─

　　一台故障变频器上电后显示面板显示"88888"报警，无法启动工作。根据故障现象分析，一般报"88888"代码的故障通常与时钟电路有关，因此重点检查时钟电路中的晶振和谐振电容器。

　　变频器上电后面板显示"88888"故障维修方法如图 7-19 所示。

（1）首先拆开变频器外壳，然后先检测 IGBT 模块，再通电测试。将数字万用表调到二极管挡，检测整流电路中的整流二级管和逆变电路中上、下臂变频元件，测量结果显示均正常。给变频器供电，发现上电后显示面板报"88888"报警。

（2）先用数字万用表蜂鸣挡测量主板时钟电路中的谐振电容器，未发现短路问题。然后给主板单独供电，用万用表直流电压 20V 挡测量主板上的晶振两脚之间的电压，有 0.3V 的压差，晶振正常。

（3）用观察芯片温度变化的方法来排查故障。先在主板的每个芯片上刷一层故障检测剂（也可以涂一层助焊膏或松香）。一般损坏的芯片会明显发热。

图 7-19　变频器上电面板显示"88888"故障维修

（4）给主板单独供电。注意：如果不知道主板需要多大电压，可以观察滤波电容器的耐压值，通常耐压值为实际工作电压的2倍。如果有可调电源，可直接将两支表笔接滤波电容器的正负极两端来供电。

（5）通电测试，有三个芯片发热，存在问题。用好的芯片替换掉问题芯片，然后准备通电试机。

（6）将变频器电路板连接好，然后上电测试，"88888"报警故障消失。最后将变频器安装好，接上供电电压和负载电动机，上电启动。显示面板显示正常，电动机运转正常，调整输出频率，电动机运转正常，故障排除。

图 7-19 变频器上电面板显示"88888"故障维修（续）

7.5.3 晶振好坏检测

　　对于晶振的好坏判断，可通过测量晶振两只引脚的电压，或通过测量晶振输出波形来判断，下面通过实际测量进行讲解。

1. 通过测量晶振引脚电压判断晶振好坏

通过测量晶振引脚电压判断晶振好坏的方法如图7-20所示。

（1）首先用可调稳压电源给主控制板单独供电，然后将数字万用表调至直流电压挡2V挡，黑表笔接地，红表笔接晶振两只引脚中的一只，测量工作电压。测量值均为0.652V。

（2）保持黑表笔不动，红表笔接晶振的另一只引脚，测量工作电压。测量值为0.967V。由于两只引脚间存在0.3V的电压差，说明晶振工作正常。

图 7-20　通过测量晶振引脚电压判断晶振好坏的方法

2. 通过测量波形来判断晶振好坏

通过测量波形来判断晶振好坏的方法如图7-21所示。

（1）测量前要设置示波器的参数，首先将示波器的探头调到"10×"挡。

（2）设置示波器通道中的探头倍率为10。

图 7-21　通过测量波形来判断晶振好坏的方法

（3）将示波器的耦合方式设置为AC，即交流耦合。

（4）用可调稳压电源给主控制板单独供电，然后将探头上的接地夹接主板接电端，探头接晶振的其中一个引脚，测量其波形。可以看到波形正常，说明晶振工作正常。

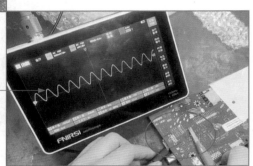

图 7-21　通过测量波形来判断晶振好坏的方法（续）